環境を知るとはどういうことか

流域思考のすすめ

養老孟司　岸由二

PHP
Science
World

PHPサイエンス・ワールド新書

まえがき

養老孟司

岸さんとは、文中でも述べているように、若いときからのお付き合いである。同じ神奈川県に住んでいたのだが、とくに二人で話すという機会がなかった。たいへん有能な人で、私はお仕事を評価しているのに、ご本人がなかなか本という形にしない。

岸さんは生物学者として価値のある研究を行う一方で、神奈川・三浦半島の小網代《こあじろ》を保全する活動や、都市河川である鶴見川の流域の防災・環境保全活動に奔走されてきた。小網代とは、三浦半島のリアスの湾を囲む一帯を指す。源流から海まで、一つの流域が自然のままで残っている、全国的にも稀有《けう》な所である。この小網代でのお仕事を、前著『本質を見抜く力――環境・食料・エネルギー』(竹村公太郎氏との共著、PHP新書)で少し紹介したら、PHPがそれに注目して、対談を提案してくれた。わが意を得た思いである。共通の知り合いの編集者の水野寛さんがPHPに来られたこともある。

対談の前に、岸さんと小網代を訪れた。小網代には、以前から岸さんに誘われていた。でも行く機会を得なかった。偶然だが、岸さんの弟子筋に当たる、日経BPの柳瀬博一さんと長いお付き合いがあり、小網代の話が出た。そこで虫採りを兼ねて、柳瀬さんの案内で、数年前にはじめて小網代に行った。昨年も保育園の子どもたちにカニを見せたくて小網代に行ったが、なんと当日が台風の来襲となり、仕方がないから水族館でイルカの曲芸を見て帰ってきた。今回の小網代の散策には、柳瀬さんにも来ていただいた。

お読みになればわかるとおり、岸さんは理論家でもあり、実践家でもある。環境の保全がどういうものであるべきか、それがよくわかっているし、そうかといって、実践することの困難も体験され、しかもそれを克服している。そのすべてが小網代の保全という形で結実した。これが小さな仕事か、大きな仕事か、論は分かれるかもしれない。でも私は立派な仕事として評価する。論文を書くだけが学者の仕事ではない。

小網代の保全の歴史については、表に出せない話も数多くうかがった。なるほど、そうでもなければ、ああいうことは難しいだろう。そう思って、膝を打ったこともある。本書に取り上げてはいないが、そういうことは、それぞれの地域に特異な問題を含んでいるから、一般向けの書物に取り上げるべきでもない。読者の想像力にお任せするしかない。

私の話が少なく思えるとしたら、もともと岸さんのお話を聞きたいと私が思っていたからである。さらに前著『本質を見抜く力――環境・食料・エネルギー』の共著者である竹村公太郎さんにも参加していただけたので、前著以来、本質的にどういうことを考えているのか、その全体の筋道を、あるていどご理解いただけるのではないかと思っている。

目次

環境を知るとはどういうことか　流域思考のすすめ

第4章 日本人の流域思考

第5章
流域思考が世界を救う

第6章

自然とは「解」である

第1章

五月の小網代を歩く

完璧な流域を訪れて

撮影：神奈川県立青少年センター

小網代の全体像

小網代の案内板

小網代の森の入口はちょっとした広場になっていて、水道施設（敷地内立入り禁止）や案内板がある。ここから油壺・三崎方面に向かって、水道本管が埋設されている。この一帯は昔はゴルフ練習場だったという。

散策開始

（中央の谷の入口にある案内板の前で）

岸　ここに北の谷と書いてありますが、われわれは中央をおりてゆきます。いま北の谷は水が豊富で、ベストコンディションです。谷底にはセキショウが一面に生い茂っていて、とてもいい状態です。ただし、普通の人は入ることができません。

養老　まだ道がないんですね。（案内板を見ながら）ここが尾根道ですか。向こうの尾根の反対側が北の谷ですね。

岸　そうです。中央の谷、北の谷ときて、これが南の谷。北の谷は下手《しもて》の湿原に十分な水を供給するためにいずれ棚田状の構造を創出して保水力を強化してゆくことになると思います。これから私たちの降りてゆく中央の谷は、保全・活用がフルに実現されるのに備えて、日常的な管理作業の基地になっている所。作業は私が代表をしているNPOが担当しています。

外から人が入って攪乱《かくらん》するのを防ぐために、最低限の通路整備はしておかないといけません。これで全長が一〇〇〇メートルちょっとです。

ここにNPO法人の連絡先の電話番号が書いてありますが、夕方から夜、電話を取るのは、実はだいたい僕なんです。ちょっと複雑な気分だけど（笑）。

（坂を下りながら）

岸　森が深いでしょう？　僕が入りはじめた二十五年前は、この一帯にはゴルフの打ちっ放しの練習場があって、カラスがしきりにボールを拾いに来ていました。でも谷は湿度も高いので、木や草がすぐに大きくなります。何にもしないでいたら二十五年でここまで育った。

編集　ひぇーっ、前が見えない。

中に入ると道の両側がいきなり鬱蒼《うっそう》とした草木の天地。向かって右手前にアスカイノデが見える

岸　このシダがすごい。アスカイノデ（明日香猪ノ手）というシダの一種ですけど、これが茂ると壮観です。二十年前に子どもたちと来たときは、ジュラ紀の森だと言って大はしゃぎでした。

（崩壊中と思《おぼ》しき山肌を見ながら）

岸　小網代は表土が浅くて、森が崩れやすいんです。私は二十五年間で大規模な崩壊を三回見ていますが、表土が剝《は》がれると岩肌が現れます。十年くらいのインターバルで、そうした崩壊を繰り返しているのです。

＊

編集　トンボが飛んでいますね。

岸　それはアサヒナカワトンボ。昔はヒガシカワトンボだったんですが、いつの間にか呼び方が変わっちゃった。分類は難しいそうです。

養老　これはベンケイガニだな。僕が子どもの頃は相当いました。見たのは久しぶりだ。

岸　ベンケイガニは川の下手の護岸にゾロゾロいます。谷の中は尾根のてっぺんまでアカテガニの棲み家です。これが全部そう。

養老　幼稚園の頃、一所懸命採りました。

岸　アカテガニとベンケイガニの区別はしていましたか。

養老　いや、してません。幼稚園の園児にそういう知識はないもの（笑）。

岸　アカテガニって、ベンケイガニと似ているけど微妙に違うんです。子どもの頃鶴見《つるみ》川の下流でやたらにカニを採りましたが、みんなが偉いと思ったのはベンケイガニのほうです。赤で

アサヒナカワトンボの可憐な姿。以前はヒガシカワトンボと呼ばれていた

はなくて鮮やかなオレンジ、体形もガッシリしていて格好いい!!　なぜ区別できたかというと、夏になると、町の小学校の正門の脇に採りたてのアカテガニを売りに来るおじさんがいたから。売るのはアカテガニだけ。でもベンケイガニが中にときどき混ざっていた。その後、おじさんはもうアカテガニは売らないと言って、カブトムシ屋になっちゃった。

アカテガニの「団地」

（足もとの源流に身をかがめながら）

養老　ここには何かいそう。

編集　あっ！　エビだ。エビがいます。

養老　これも子どもの頃によく採ったぞ。うわあ、虫が大量にいる。甲殻類《こうかくるい》だけど何だろうな。ちっちゃいアメンボもいるね。

岸　たくさんいる甲殻類はアセルス（ミズムシ）ですね。アメンボはシマアメンボ。羽がないのに、雨が降ってもいなくならないんです。

柳瀬　昨日あれだけ降ったのに今日は水が増えてないですね。

岸　あの程度なら、森の表土がどうにか保水してしまうのでしょうね。

アカテガニの団地。よく見ると赤いカニの姿が見える

養老　ここの土手にあいた穴に割り箸を入れて突っつくと、カニがゾロゾロ出てくるよ。

岸　それ禁じ手です。全部アカテガニの巣です。穴の入口がちょっとテカテカになってる所にいます。ほら、このへんの穴はきれいでしょう。ピカピカなのは頻繁にでいりしているからですね。

養老　そうそう、この穴この穴……。人間が団地に住んでるようなもんだ。

岸　あ、アカスジキンカメムシがいますね。最近はちょっと少なくなってきた。

養老　きれいですね。対面するのは久しぶりだ。

岸　ヤブキリの子どもです。このへんの穴には全部アカテガニがいますよ。よく見ると足が出ている。

養老　そうなんだ。見えるはずなんだ……。ほら！
岸　まだ気温が低い。地温が二〇度を越えるくらいにならないとなかなか動きません。
養老　こないだはたぶん暖かかったんだな。出てくるやつがもっといた。
柳瀬　雨が降ったし、ちょっと冷えていますものね。たぶん休憩中なんでしょう。

＊

（小さなハンノキ林に出る）
岸　ここはハンノキの林。ゼフィルスの育つ林ですね。
養老　最近は鳥インフルエンザの特効薬としても注目されていますね。
岸　神奈川では、鶴見川の流域にもハンノキのみごとな林が二ヵ所ほどありますね。
柳瀬　ここらへんに、エビがいるのがわかります？　ヌマエビのなかまです

アカスジキンカメムシ。カメムシは亀に似ていることからついた名前。きれいな虫だが悪臭を放つ

ヤブキリの若い個体。バッタの一種でキリギリス科に属す

ね。

養老　これも欲しくて一所懸命に採った。すぐ死んじゃうんですけどね。

柳瀬　カワニナもいますね。ホタルの餌になるやつです。

養老　ここにはゲンジボタルがいるんですよね。

岸　森やヤブが茂って流れが暗くなってしまい、減少していますが、もちろんまだ健在ですよ。県と連携して水辺を明るくする作業をいまＮＰＯですすめています。

森は動いている

（崩壊の痕跡《こんせき》が残る場所に来て）

岸　ここは九五年に崩壊しました。

養老　ああ。ここですね。

岸　九五年だから十四年でほぼ元に戻ったことになります。この岩の上部の表土がドーンと落っこちたわけです。小網代では、十年、十五年の単位で、あちこちが大規模に崩れ、崩れては復活し、崩れた土が運ばれて干潟になりということを繰り返しているのでしょうね。

養老　ここが全部抜けるくらいの崩壊だったんですね。

柳瀬　あそこに大木が倒れて朽ちているでしょう。あれが崩壊の痕跡。

岸　山が崩れるとみんな大騒ぎしますが、普通に起こる現象です。崩れると喜ぶ生きものもたくさんいる。崩れて大丈夫な所は崩れさせておけばいいんです。……この子、ちょっと怪しい動き方をしてるな。何だろう。

柳瀬　……ルリシジミですね。

岸　昆虫好きの養老先生、蝶にはあまり反応しないですね。

養老　蝶にいちいち反応していたら山なんか歩けません（笑）。でも一応見ていますよ。アサギマダラが出てきたら絶対反応する。

（流れが合流する地点に出る）

柳瀬　ここは、流路が何年かに一回のペースで変わるんです。

岸　こうやって谷が合流するところは、大水が出ると流下する土砂で自然堤防ができやすく、流路の変更も起こりやすいのですね。

＊

（中流になって下が泥濘《ぬかる》んでくる）

養老　外来種のアライグマの調査は入ってるんですか？

岸　入りました。三年間ぐらい調査をしたんです。足跡の大きさから推定して最大で二〇頭ぐらいはいたのかな。夜の海岸ではカニを拾って歩く親子連れにも、しばしば出合いましたよ。今は激減して、数頭くらいのものでしょう。環境省の意向というふれこみで報道がしきりにやってきて、小網代は生態系への影響が実証されるからもしれないから取材させろ、射殺はしないのかとやかましいこともありました。ひたすら観念的でセンセーショナルな展開を期待されたので、取材は全部お断りしました。

このあたりの農地では、摘果されたスイカやウリなどがしばしば生のままで谷に捨てられていました。それをやめればアライグマは来なくなるとお願いして、今は止まっています。地元の人々は小網代の谷でカニを食べて増えたアライグマが、畑にスイカを食いに来ると思っていたのですが、実際は逆で、スイカや街の生ゴミを食べて増えたアライグマがここへ来てデザート代わりにカニを食うわけ。量を考えればそれが当たり前ですけどね。

＊

（植生が変わる地点の近くにきて）

柳瀬　これで五〇〇メートルくらいは歩いたかな。小網代には高低差がそんなにありません。高い所で七〇メートル。ここから先は最初にちょっと下って、あとはほぼなだらかです。

岸　今までの植生はハンノキ、ここから先はジャヤナギというもっと大きな別の木に変わります。谷の一番奥にまずミズキの林があり、ミズキからハンノキの林に、ハンノキからジャヤナギの林に変わって、さらにその下手の湿原地帯は今ジャヤナギの森が拡大中です。

柳瀬　向こう側の一帯がジャヤナギですね。

岸　林の中の流れが直角に曲がっていますね。あの堰《せき》は先週の日曜日に僕たちのＮＰＯがつくりました。

養老　あれですね。

岸　もともとは、川は向こう側の水道本管がある所を流れていたんですが、水道管が障壁になって自然堤防ができてしまい、こちらに蛇行したのです。今は、農家が数百年かけて溜めてきた土をさらっています。みんなはこんなにたくさん土があるのは自然のおかげだと思っているけど、とんでもない。農家が田圃《たんぼ》をつくって、なくさないように溜めたわけですね。

この先に行くと、その土を水が掘り下げてしまって二メートル、三メートルの深さになっています。そうやって河床が下がってしまうと、谷の面から水がしみ出して、それから乾燥して湿地が後退し、ササなどが大規模に侵入してきます。

でも、この堰がうまく機能すれば、ここに土砂が溜まります。大雨のときは堰の上手《かみて》から溢流《いつりゅう》して谷全体に水が供給される。谷の自然の管理というと、多くの人はほとんど木のことしか考えませんが、ここでは水が大事です。水循環をきちんとしないといけない。

森の中の生存競争

柳瀬　どうしてこんなに葉っぱが落ちているのかな……。ああ、枯れていますね。この木が枯れちゃった感じですね。何でだろう。

岸　これはフジヅルだ。……うーん。切った形跡はないですね。たぶんツルが絞め殺したんでしょう。フジヅルの力はすごいですからね。ツルは基本的に切ります。

＊

編集　これはシイタケじゃないですか。

岸　ええ。食べられますよ。小網代はキノコゾーンで、好きな人はいろんなものを見つけま

ジャヤナギを締めつけるフジヅル

シイタケ。齧《かじ》られた跡が見られる

す。クリタケとか、かなりの種類があります。

養老　これも食えそうだよ。もう虫が食ってるよ（笑）。

岸　食える、食える。でも知らない人は絶対食べないこと。劇毒性のキノコもたくさんある。

＊

（水が川底を掘り下げている場所で）

岸　ほら、谷底から三メートルぐらい下まで掘られて、湿地がどんどん後ろへ下がっています。小網代の谷は乾燥がすすんでいるのですが、水が足らなくなったから山の木を切ればいいと言う人もいるのです。でも、そんなことをしたら表土の薄い小網代の山は崩壊すると言って考え直してもらっています。

このあたりが乾燥しているのは、山からしみ出す水が足りないからではなくて、ここから水が抜けていくからです。川底が掘られると落差ができますから、その落差の部分から水が出てしまうのです。緑にしか関心のない自然保護主義者の中には水のことを理解してくれない人がいますから困ります。私はここを湿原に戻したいんです。

養老　川が浅くなって、谷に水が広がるようになればいいわけね。

柳瀬　ここには、もとは虫もいっぱいいいました。

水が川底を掘り下げている場所

養老 今もつまらない虫ならいっぱいいますね。

岸 そう。アオキとヤツデが森を暗くしてしまい、トキワツユクサなどの外来植物が大規模に侵入してしまいました。虫も貧弱になってますね。いま全力で回復作業をすすめています。

「真ん中広場」にアライグマがいる!

(谷の中央付近にある「真ん中広場」に出る)

岸 この大きい広場は「真ん中広場」といって、大体岩盤の上を流れてきた水が合流する所です。非常にきれいな水ですよ。

あ、待って。アライグマの足跡だ。これは近くにいるね。

養老 ほう。足の長さ、七センチぐらいあるね。

＊

湿地を歩いたアライグマの足跡を発見。下が柔らかいのでくっきりと残っていた。

岸　この近くにミツバチの巣がありますよ。

養老　飛んでいるの見えましたか？　スズメバチがいるのに、ここはセイヨウミツバチかな。

岸　いや、ニホンミツバチですね。昨年学生が唇をさされてしまい、正体を確認しました。知らないと何となく通り過ぎちゃうけども、ここに生えているカモジグサなんかの雑草は、純在来種なんです。頑張っていて、なんだかうれしいね。

柳瀬　あれ、この黒っぽいのは何？

岸　小網代は鉄分が多いので、鉄バクテリアがたくさんいます。これが植物の茎のまわりにくっついて、筒型の酸化鉄のパイプみたいなものができるのです。これがしっかり固まると、高師小僧《たかしこぞう》っていうんだそうです。当地はそれが現在進行形で形成されている場所かもしれないということ、この間、筑波大学の専門家がきてびっくりしていましたけど。

養老　何億年かたったら、それが鉄鉱石になるわけ？

岸　か、どうかはわからないけど（笑）。

トトロのトンネル

柳瀬　これは崩壊防止で植えた土留《どどめ》のエノキ。エノキは横に根を張るので田圃脇の土留に使うのです。この上が田圃で、その下にはずっと棚田の跡があります。

養老　なるほど。エノキが減ったのは、田圃がなくなって最近は植えないからですね。

編集　昔は田圃や畑の脇に必ずエノキがあったものですね。

＊

（トンネル状に地表を覆った笹藪が見える）

養老　すごい。みごとなトンネルだ。

岸　「トトロのトンネル」といって、訪問者にはとっても人気の高い道です。いずれ壊す日も来るかなとは思うのですが。

編集　なぜですか。

いずれ壊される？「トトロのトンネル」

マメノコフキゾウムシ

養老家自家製の捕虫網

岸　これはササの上にクズやフジがかぶさって、ササが伸びられないからできたトンネルです。このフジ、クズを許していると、まわりの木が全部駄目になってしまう。で、クズ、フジを退治するとトンネルも壊れてゆく。うまく両立できる管理をめざすのかなあ。

＊

養老　網を持ってるから、たたいてみましょうか？

編集　網を持ってるんですか。もっと早く言ってください（笑）。

養老　ここでたたけばよく見えるでしょう。カヤもありますよ。あまり濡れているとビショビショになっちゃうから、乾きやすいナイロンを使います。うちの奥さんはカーテンやシーツを使う。

こうやって広げて木や草をたたくと、虫が落ちてきます。そうすると表面にくっつきます。たたき方も人によっていろいろで、力いっぱいたたく人もいます。

（何人かがのぞき込む）

柳瀬　ハエがいますね。お尻が大きな変なハエです。あとはクモとアリ。そうか、バラには虫がつくのか。

気温が上がって

（下流の湿原地帯に出る）

養老　ああ。視界が開けましたね、下流の大低地だね。こんなに大きなヤナギの林があるんですね。

岸　みごとでしょう。ジャヤナギの大木ですね。神奈川県では珍しいはず。ここは広い湿原になっていて二ヘクタールぐらいあります。

ここのヤナギの林は、小網代の本（『いのちあつまれ小網代』、木魂社、一九八七年）をつく

フキバッタの若齢個体

るために写真を撮りに来たときにはありませんでした。小さなヤナギが一本だけ生えていて、それを写真に撮ったんです。それが一九八七年。そのときには一本しかなかったヤナギが、二十二年で今こんな林になっている。樹木は、実はすごく成長が早いのです。これで成人式ぐらいですから異様です。

養老 二十年たって村に帰ると、こうなっているわけだ。

＊

岸 さて、ここで下流になります。橋があって、これが弁慶橋。

柳瀬 ここらへんの穴は、ほとんどベンケイガニです。アカテガニではなくて。

養老 子どもの頃はあの石の隙間をいちいち覗いていったものです。するとカニがいる。

岸 鶴見川の川沿いの朽ちかけた墓地でたくさん採りました。お墓の墓石をずらすと、下にたくさんいましたね。中にお骨があったような気もするけれど（笑）。

養老 ここが川の終わりですかね。

岸 そうですね。ここらは一段低くなっていて潮が入る。水が貯まっているでしょう？ 前はアユが結構上がってきました。

カニの群舞

岸　左から水量の多い流れが合流していますね。南の谷と呼ばれています。この谷は水量がとても多い。保全されたら水系のサンクチュアリーになってゆくはず。ヤブが深くて、いまは全く入れません。調査と簡単な管理のために私たちが入るだけです。

養老　そうですか。

岸　これはアカテガニの一年生。アカテというけれど、一年生は体全体が黄色いんですね。本当に鮮やかな黄色です。適応的な意味もあるのでしょう。こっちはもう典型的なアカテガニ。つまんでも大丈夫ですよ。

養老　ああ。はさまれても痛くない。

右に干潟が見えますが、ここで右へ折れるのかな。そのまま行ったら尾根に上がる。

岸　左側にアカテガニの巣がたくさんあるでしょう。そこが分水界です。……いた、いた。

養老　小さいね。一年生は。

岸　ここは一年生ゾーン。これはもうちょっと大きいかな。ほら、これが二年生です。手が赤くなっているでしょ。

（海に向かう坂道を降りる）

アカテガニ。「流域」の小さな大スター

大人になったアカテガニ

岸　この先は転倒者続出という所ですから、気をつけてください。

養老　下や横に気を取られてばかりいると危ないよ。見すぎて転ばないように。

岸　だいたい言ってる人が転ぶんです（笑）。

養老　そうなんだ（笑）。無意識に歩いていたら転ばないけれど。

岸　それは五十五歳くらいまでですよ。

柳瀬　ジャコウアゲハがいます。これはオオバウマノスズクサ。よくサナギがいて、みんなが喜ぶ。

＊

柳瀬　ここからチゴガニがダンスしているのが見えますよ。

養老　僕はチゴガニが大好きだったんだ。子どものときからずっと見ていた。迷子になって捜索されたことがあります。

岸　鎌倉の滑川《なめりがわ》の河口ですか。

干潟で見られるチゴガニのダンス

養老　うん。そりゃ見るよ、子どもはね。

岸　基本的にはオスのダンスなので求愛行動と思われているけど、メスもやるときがあるので厳密にいうとまだ詳細は不明なんです。縄張りの確保という説もある。

養老　人間のジョギングみたいなものじゃないの。

岸　潮が引いて干潟が出てから踊り出し、踊り終わるまでずっと見ていたことがあります。まず干潟が現れるでしょう。すると穴からどんどん出てくる。まず何をやるかというと、一斉にエサを食う。しばらくエサを食い、食いためたところで踊り出す。あとはえんえん踊りますね。ときどきハサミを上げたまま硬直する個体がいる。そんなときは必ずわきにメスがいるんですね。

風と波と生きものの歌

(風の音がする)

岸　一気に海に開けたでしょ。ここで小網代の谷を刻んだ川が海にそそぐんですね。前面は三ヘクタールくらいのみごとな河口干潟。大潮の引き潮どきには、海水と川の水が混じり合うこの汽水域が、左右の大きな岬の先端をつなぐ線まで全部干上がります。

引き潮になるとみごとな河口干潟が現れる

左右に葦原《あしはら》があります。これ、単純な葦原じゃありません。手前にあるちょっと色の濃い細い葉っぱと、向こう側の広い葉っぱの植物と、二種類ある。手前がアシで、奥はアイアシという別種ですね。アシとアイアシのそのまた向こうにアシ。アシ、アイアシ、アシとサンドイッチされた塩水湿地が、泥の干潟と山の緑をつないでいます。みごとなエコトーン（推移帯）ですね。

ここまでおりてくるのに、二時間たらず。源流から上流、中流、下流の湿原、そして広々とひらかれた河口干潟まで一気に辿《たど》ってしまいました。小さな川ですが、浦の川の流域は本当にすごい自然です。

大潮の日、この石橋にとどまって干潟の干

貴夫人の装い。スイカズラ

満をながめていると、海と大地と空のつくり上げるこの空間が、生きものたちとともに私たちが生きてゆく世界なのだと、なにか痛切な思いで理解できてしまうものです。

じゃあ、大蔵緑地に行って、大蔵緑地から海岸に出て、グルリと回って向こうからこっちに戻ってきましょう。

＊

岸　養老さん、これは知ってます？　いい香りがします。スイカズラといってつまんで紅茶に入れたりします。ちょっと匂いを。

養老　……、うん、本当だ。

岸　中国の薬草の一種かな。すごくいい匂いでしょう。

＊

編集　本当に見事な葦原だ。

養老　葦原に虫が出るようになるとすごい。

編集　ふだんはいないんですか。

養老　珍しいものが出るんです。昔からの葦原でなければ駄目ですけども。

（カエルの鳴き声が聴こえる）

養老　ウシガエルがいますね。

柳瀬　この一帯は昔は畑でした。家屋があったのですね。

岸　ここの広場は「アカテガニの広場」とよばれています。管理活動のために神奈川県が先行的に確保してくれた場所ですね。背後に小さい谷があって、本流とは別水系です。この谷はぜひ先行して手を入れて、保水力強化の実験を早期にすすめたいものです。

あれっ、アサギマダラと、アカボシがいる。

養老　アサギマダラがやっぱり来てるんだな。アカボシは最近増えた、熱帯系のチョウの典型です。いるはずがないのにいるわけですよ。たぶん中国からきたんじゃないかな。誰かが持ってきて放したわけですね。

編集　自力では来られないんですか。

養老　来られないです。アサギマダラなら、一〇〇〇キロ飛びますから来られるけど。

柳瀬　ここにも土留で使ったエノキがあります。木がすごく大きい。あっ、シュレーゲルが来ていますね。今鳴いたのはシュレーゲルアオガエルです。

＊

（干潟に出て、それぞれ海や河口や向こう側の山などを見ている。風の音が強いが、何か動物の声が聴こえる）

編集　犬がいるのかな。

岸　アオサギの声かな。ほら、左の岬の斜面の森にたくさんとまっています。サバンナの森から首をのばしているキリンみたいな鳥が、みんなアオサギ。巨大なサギですね。

干潟をジッと見ていると、ガラスがきらめくような感じを受けますね。あれ、みんなカニたちのツメ。ダンスをするからガラス片のように輝くんですね。

じゃあ、一度向こう側に渡って、山沿いに河口のほうに抜けてみましょうか。

（＊この章のもとになった神奈川県「小網代の森」への散策行は、二〇〇九年五月二十四日に行いました）

第2章
小網代はこうして守られた

私は「都市型兼業採集狩猟民」

岸　兼業農家という言葉がありますが、私は自分を兼業型の都市型採集狩猟民だと思っています。

二歳のときから鶴見川の流域に暮らしています。都市ど真ん中の流域ですが、そこを拠点にして、魚や虫を採ったり植物を眺めたりしながら、それをネタにして研究者の真似事をし、哲学めいたことなどもしゃべったりしてきました。収入は大学その他から得ますが、日々の仕事はかなりいいかげんではありますが採集狩猟民。足もとの地べたのデコボコや、身の回りの生きものたちと付き合い、そこで感覚的につかまえたことを理論化したり、理論にできなかったりということを繰り返しています。それを根拠に市民運動も続けています。大学の研究者が社会貢献として自然保護や市民活動をやっているというより、都市型採集狩猟民が研究者をやったり、市民活動をやったりしているという感じですね。そんな活動が自然保護や河川行政にも反映される議論になったこともありました。

今日は、そんな兼業型採集狩猟民が、都市にずっと暮らして六十を過ぎて辿り着いた考え方や、都市の文化や教育に対する見方をお話しできればと考えています。

養老　たまたまですが、僕も「兼業農家はなぜいけない」という文章を書いたばかりです。日本人は「純粋型」志向が強く、「この道一筋」で一つの仕事をしている人が尊敬される傾向にあります。でも、「この道一筋」とは、実は非常に地味な仕事についていう言葉です。人が「そんな仕事を一生できるかよ」というような仕事を黙々と続けることをいうのですね。だから、たとえば政治家の仕事については、「この道一筋」といわない。

人の関心は変わるし、状況も変わります。にもかかわらず同じ仕事を続けてきたということは、その仕事に一生を賭けるに値するような価値があり、「世間では地味な仕事と思われているけど、それだけではすまないんだ」といいたいのだと思うのです。

そこを誤解して、一つのことにこだわっていることそのものがいいことなのだと考える人がいます。でも、「この道一筋」は仕事についていう言葉であって、何か一つのことにこだわる態度が大事なのではない。だから僕も、いつも「自分に専門なんてない」といっています。医学部は出たけれど医者になっていませんしね。

岸　その意味では、私も「地べた一筋」ではありながら、固まった専門というのはないのかもしれない。魚類の研究者としてあちこち飛び回っていた時期もあるけれど、基本的にはずっと鶴見川の流域にいます。鶴見川の下流で育って、三浦半島の金沢にある横浜市大に入り、鶴見川から三浦半島に出張《でば》ることになってから金沢の保全活動を始め、七六年まで続けました。そこで政治団体の引き回しにさらされ、大失敗して放り出されたあと、七、八年は研究だけの生活を送りましたが、やはり本業を捨てることはできず、その後、八四年には小網代に行き、鶴見から町田の鶴見川源流に転居したのを契機に鶴見川流域の活動に参加し、同時に多摩三浦丘陵の活動もすすめて、今は足もとの大地のデコボコのことばかり考えながら、さらに正しい兼業暮らしになってきております。

研究者生活の領域では、ダボハゼたちの習性研究をしたり、進化生態学の数理モデルをつくるようなこともしました。たぶん日本で進化生態学の適応論的な数理モデルを最初につくったのは私じゃないかと思いますが、その行きがかりで、理論構築や実証研究をしながら、同時に日本の進化生態学の方向性を誘導するための科学哲学の領域にも踏み込むことになり、養老先生が編集された東大の進化論の講座に、科学哲学領域の仕事をまとめさせてもらったこともあります。人間論もやりました。なつかしいなあ。

そうこうしているうちに市民運動が忙しくなり、頭の働き方が「流域で都市再生を考える」という方向に集中しはじめたわけですね。流域活動をしながら地域生態文化論という理論の枠組みをつくり出すことになったわけです。

そんな活動の成果の一部が、たぶん国の政策の一部にもひろわれて、内閣府の総合科学技術会議が設定した「自然共生型流域圏・都市再生」というプログラムにもまぜていただいた。今は、学術会議が動かしているのかもしれませんが、プログラム立ち上げの時期には戦略委員もつとめさせていただき、成果はちゃんと論文にさせていただきました。不思議で、面白い体験でしたね。

そんな展開の全体を通じて、大人や子どもの大地に対する感覚がおかしいという気持ちを、私はずっと持ってきました。「都市の市民や地域の文化にはどうして足もとの地べたのデコボコが見えないのか」ということが気になって、ずっと考えてきたのです。この方向は、教育論や文化論にも発展し、遅々とした歩みではありますが文字にもしています。関連で、最近デイヴィド・ソベル（『足もとの自然から始めよう』、日経ＢＰ社、二〇〇九年）なども翻訳させていただいた。

あれやこれや、それこそデコボコの活動ですが、いずれみんな統合して、わがふるさとである多摩三浦丘陵域で都市型の大きなグリーンベルトのようなものを実現して行く実践に収《しゅう》斂《れん》してゆけたらいいなと思っています。それがたぶん私のライフワークになる。

なぜ小網代の保全運動に参加したか

養老　岸さんには前から本を書けと言っているのに、なかなか書かない。それならこちらから引き出してしまえばいい、ということでこの対談が生まれました。まず、小網代の保全の話から聞かせてください。

岸　小網代は三浦半島の先端にあるリアスの湾を囲む一帯の地域です。正確には「擬《ぎ》リアス」というようですが。小網代湾は一〇〇〇メートルほどの奥行きがあり、その東に、三崎台地面にいたる、一二〇〇メートルぐらいの谷が伸びています。リアス式の湾があり、その奥に細長い湾と谷があるという構造です。今は半分が水没していて、半分が陸上にあるという構造ですね。

「浦の川」という川が刻んだ谷なのですが、何が面白いかというと、流域がまるごと自然のまま残っていることです。四、五十年前までは水田、畑のある農地だったはずですが、今は道路も住宅地もありません。

「流域」とは、雨水が川に集まる大地の全体を指す言葉です。小網代では、降った雨が森を下って川になり、上流・中流・下流で大きな湿原をつくり、干潟になって海に流れることで

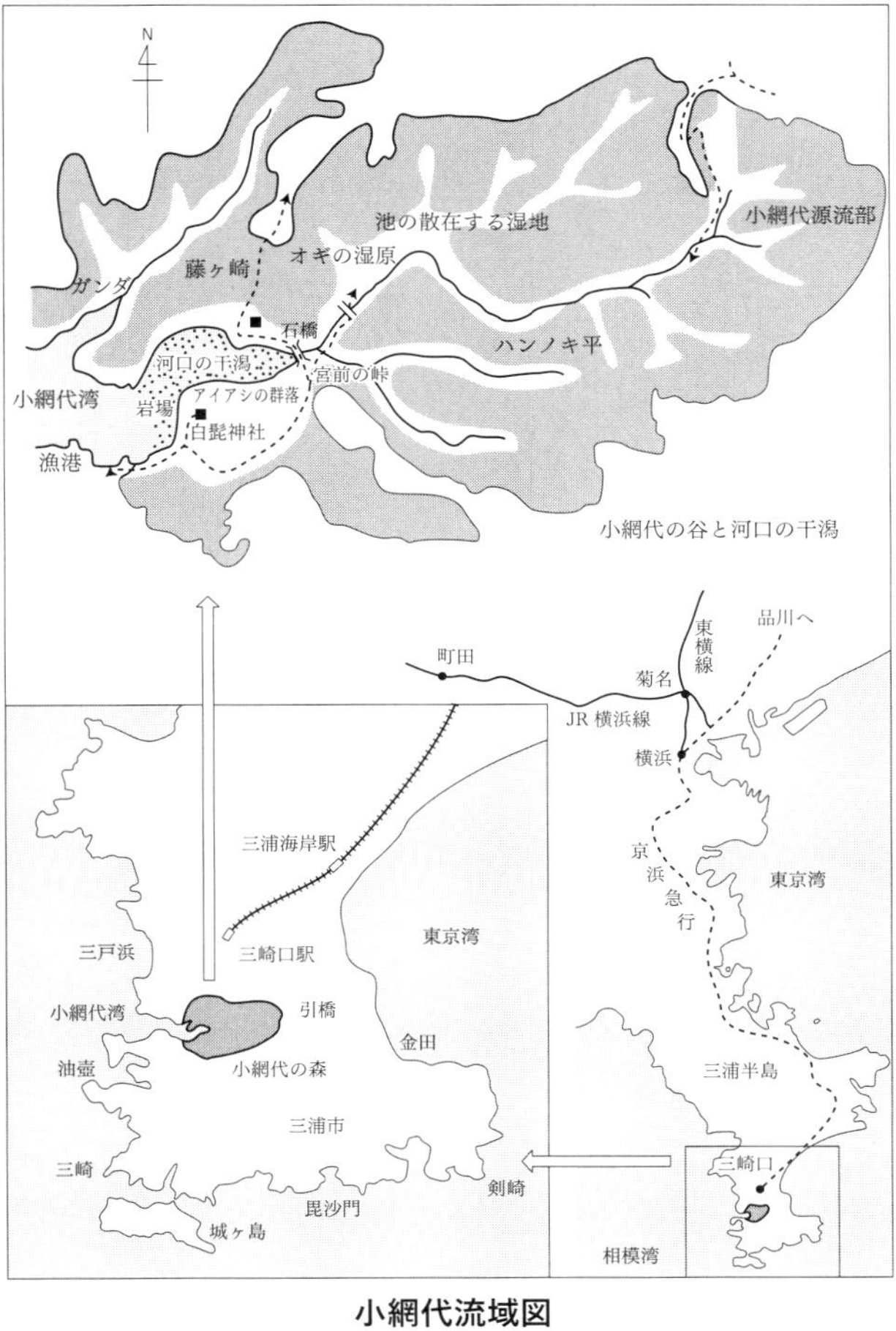

小網代流域図
（『三浦半島・小網代を歩く 夏の自然観察ガイド』
〈小網代の森を守る会・若手スタッフ編〉より）

形成される「流域」の姿が、ワンセットで全部見られるのです。規模でいうと八〇ヘクタール弱ぐらいで、そんなに大きくはないのですが、源流から海まで、自然のままの「流域」のランドスケープがそのまま残っている姿は、関東では小網代でしか見ることができません。神奈川県が調べたところでは、全国規模でもそんなに多くはないらしい。どうしても、道路が横切ったり、住宅地ができてしまうわけですね。

二〇〇五年、おかげさまで小網代の谷は全域が近郊緑地保全区域に指定されたのですが、そのときの指定理由の最大のポイントは、当地が「完結した自然状態の流域生態系」であるというものでした。

養老　いちばんありそうなのが岩手県、あとは対馬《つしま》でしょうか……。対馬もいってみれば水没地形のような所ですね。

岸　基本的には、大きな山があると、水面が上昇しても川が山から大量の土砂を持ってくるので水際が埋まってしまい、リアスになりませんね。三浦半島は基本が岩盤なのであまり土砂がなく、海面上昇しても土砂が溜まらなかったようです。

二万年ほど前は、今より一三〇メートルぐらい水面が低かったのですが、一万年ほどかけて百数十メートル上昇し、そのときに、川が運んでくる泥が上がってくる潮と闘って、多摩川や鶴見川では川が運んでくる土が勝ち、沖積地《ちゅうせきち》というダブダブの泥でできた場所が形成されました。大地震があると、今でも液状化現象を起こす地帯です。

一方、岩手や三浦は岩盤質で泥がありませんから、谷はそのまま水没して奥行きの深い、美しい湾ができる。リアス湾ですね。小網代はリアスの湾から一二〇〇メートルの浦の川流域の谷まで、全体で一つの地形なんです。

小網代の完結した集水域生態系には、二〇〇一年の私たちの集計では約二〇〇〇種類という生物の多様性があることになっていますが、実際は、たぶん三〇〇〇から四〇〇〇になると思います。甲殻類が五八種類いて、うち三〇種類強はカニです。陸のカニと干潟のカニと岩場のカニがいますから。

そのような生態系のモデルのような場所を、ゴルフ場やリゾートマンションにしてしまうという計画が、一九八三年に持ち上がりました。三浦市は裕福な自治体ではありませんから、ゴルフ場を進出させる計画は魅力的だったのでしょう。ゴルフ場で得た収入で埋め立てをやって、リゾートホテルやマンションや道路をつくり、農地造成を行って住宅も建てるという「五点セット」の計画を打ち出したわけです。ちょうどリゾート法で日本が沸き立っていた頃の話です。今はもう忘れられていますが、全国各地で策定された、どう考えても人が行くはずのないリゾート開発計画が乱立していた頃の計画の一つだったのです。
その頃、慶應義塾大学の同僚で「脱原発」を訴えていた藤田祐幸《ゆうこう》さんが、小網代の近所に住みついて、「小網代の森を守れ」という運動を始めました。私は横浜の六大事業計画の反対運動でくたびれ果て、自分の市民活動人生はもう終わりとも思っていたので、最初は気がすすまなかったのですが、あまり熱心に誘ってくれるので、八四年の秋に小網代へ行きました。

そのときに眼前に広がる風景を見て思い出したのですが、小網代は私が高校生時代、自転車で横浜の鶴見から城ヶ島へ行くときに、引橋《ひきばし》の休憩ポイントから見ていた谷だった。これは応援するしかない。

さらに、小網代は流域そのものというのが刺激的でした。都立大の大学院に進んで、研究というか、市民活動というか、研究と都市の環境保全をつなぐような仕事をしたいとのたうちまわっている頃、北アメリカにおける流域研究を翻訳する機会もあり、実践的な研究の枠組みとして「流域」のことがとても気になっていました。僕の頭の中にあった流域アプローチ――流域という概念から出発していろいろなことを考えていこうとする姿勢――を試すことができる絶好の機会が訪れたとも思ったのですね。ここなら絶滅危惧種がどうとか天然記念物がどうとか、学者だけが面白がるようなテーマを通してではなく、「流域は日本列島の地形と文化の基本、そのモデルのような小網代の谷はまるごと守るべき」といった、普通の人が関わっていける議論ができるのではないか。そう閃《ひらめ》いて、行ったその日に運動に参加することに決めました。

世界が認めた稀《まれ》な景観

岸　藤田氏のグループは「ポラーノ村を考える会」というもので、宮沢賢治に強い影響を受けていました。彼らはゴルフ場計画のかわりに、森の中に味噌工場や工房などのあるオルタナティブな理想郷をつくろうと代案を提唱していましたが、しかしいかにオルタナティブとはいえ、そんなに賑やかな村にしてしまったら、生きものにとってはゴルフ場になるほうがまだましかもしれない、ということもあった。そこで、「自然保護運動としてうまくいったら、その構想を撤回しないか」と藤田氏に訊《き》いたら「撤回する」というので、八四年の暮れから本格的に「ポラーノ村を支援するナチュラリスト有志」という肩書きで、小網代に入りはじめました。

最初の頃は、土日はほとんど小網代に通い、生きものの記録を取りました。それをもとに

『いのちあつまれ小網代』という本を出版し、「いい所だ、いい所だ」と宣伝するだけで、いわゆる政治的な反対運動はしませんでした。イデオロギーを標榜して大きな声を出すような人にはお引き取り願いました。小網代の市民活動の基本方針は、対立型の運動はしないということです。共産党から自民党まですべてが賛成してくれないと小網代は絶対に守れない。だから特定の政党が特別扱いしろといってきても全部断りました。「週末ならここに住んでもいい」、「ここで一日遊んでいれば幸せだ」と感じてくれる人だけを仲間にして、とにかくお世話に徹しました。養老さんとお会いすることになったのは小網代の活動を始める直前の頃かな。「地下二階」という変な集団で。

養老　岩波書店がつくったグループですね。月に一回、岩波本社ビルの地下二階にある部屋でおしゃべりし、その後、神保町《じんぼうちょう》に繰り出して、飲んだくれたらタクシーで帰るという会でした。

岸　ええ。『科学』の編集部にいた不思議な若者たちが、養老先生とか米本昌平とか磯野直秀とか黒田洋一郎とか私とか、六、七人に声をかけてつくったグループがもとになっていました。その流れもあって、岩波書店のブックレット担当がほんとうのナチュラリスト向けの冊子をつくりたいと言い出し、小網代のことを書く機会が巡ってきたのです。一九八九年に

『ナチュラリスト入門』全四冊をアザラシやウォーレスの研究で有名な新妻昭夫の編集で出版しました。その夏号に「アカテガニの暮らす谷」というタイトルで小網代保全をアピールするエッセーを書きました。それがあちこちで目に止まったらしく、神奈川県知事も読んでくれたと、噂が伝わってきました。

翌年の一九九〇年には、国際生態学会議という世界の生態学者を集めた大会議が横浜で開催されました。私は「SAVE　KOAJIRO」というポスター発表を行いましたが、そのときに、ランドスケープエコロジーの世界の大物たちと、小網代までバスで小旅行に出かけたんです。私も案内役をつとめたのですが、大物たちが小網代の景色を見て「何だ、これは！」と非常に驚いた。彼らが言うには、「日本人はよくわかっていないかもしれないけど、相模湾岸の遠景まで含めて、こんな地形、こんな素晴らしいランドスケープは、同緯度の北半球にはない。なぜここを壊すのだ？」

前代未聞の保全活動へ

岸　翌日、横浜の会議場で小旅行の参加者などに感想の執筆をお願いしたら、いろいろな人が書いてくれました。日本の文化に造詣《ぞうけい》が深く、以前に一度おしゃべりをしたことのあった進化生物学者のウィリアム・ドナルド・ハミルトンも、短いながらコメントしてくれました。そして、いろんな人たちの意見が、英語と日本語の対訳版で小冊子になって出たわけです。

そのあたりから、県でもこれは壊せないなと思い出したらしい。

以前、私は神奈川県の自然保護課の課長にこう言われたことがあります。「岸先生、ここは第一種住居専用地域で、七〇年代に県と地元ですでに開発を決めているんです。それをひっくり返すなんて、ありえません」……。この方針が一八〇度転換したのは、一九九四年のことです。当時の長洲一二《ながすかずじ》県知事が「守る手立てはまだ何もないが、とにかく守ろう」と宣言したのです。行政の長というのは、いざとなれば腹を括《くく》るものだなと思いましたね。

あとは粛々《しゆくしゆく》と進んでいます。翌九五年におおむねの保全面積が示されました。面積をめぐって担当の行政職員が政治の実力者と交渉する現場に居合わせたこともありました。「いくら守ればいいのか」と訊く実力者に、職員の方は「六割」と答えました。「わかった……」という御返事。緊張しましたね。後日、その職員の方は「あのとき、命を賭けた」と回想された。以後の展開はその通りにすすんだという感じです。

九七年には、七二ヘクタール保全との方針が示され、二〇〇五年には七〇ヘクタールの規模で国土審議会による「近郊緑地保全区域」の指定を受けました。現在は県と国による土地の買い上げ、借り上げがすすんでいて、あと一歩ですべてが行政の管理対象となるところまで来ています。

なお、山坂ありなのですが、もし達成できれば、おそらく前代未聞の保全になります。どこに家をつくってもいい第一種住居専用地域を、七〇ヘクタールの規模で保全するというのは本当に大変なこと。どうしてうまくいったのか、どこで誰がどんな工夫や決断をしてくださったものか、本当のところは私にもわからないのですが、現在のところ、当初の希望が一〇〇％かなえられた形になりつつあります。

財団の会員を四〇〇〇人も増やした「大道芸」

養老　ただ自然を守りましょうとか、調査しましょうと言うだけでは、自然は守れないということですね。
岸　そうです。たとえば、自然保護を声高に叫ぶ人がやって来て、テント村をつくって「貴重種がいる」などと大騒ぎすれば、地主さんが態度を硬化させて簡単に「ジ・エンド」です。あるいは遊びに来た子どもがマムシにかまれて亡くなってもそれでおしまいでしょう。日本という国では本当にそうなんです。だから、そういうことが絶対に起きないように、週末は仲間たちが朝から晩まで小網代にいて、何かあったらすぐ対応するようにしています。

夏のアカテガニのお産のシーズンには、多くの人が小網代に集まります。一九九〇年にはこれがテレビで紹介されて有名になってしまい、集まった方々が小網代でバーベキューをしたり花火で遊んでゴミを捨てたりする事件が起きて、地元で「岸先生」たちおことわりの署名運動が起こりかけたことがあります。

地元の人々の苦情はもっともなので、私たち市民団体がお金を貯め、専門の警備会社を雇って警備してもらうこともあった。以後、現在にいたるまで、大勢の人が来る夏の大潮の土・日には、訪問者と地元のトラブル、訪問者の事故防止、訪問者による自然攪乱などを回避するためのパトロールを市民団体・NPOとして実施しています。そのパトロールを「カニパト」と呼んでいるのですが、もう二十年ぐらい続いています。ほかにも「花パト」、「道パト」というパトロールもありまして、かわいらしい名前ですが、中身はいずれも土木作業を伴う通路安全や環境保全活動です。花パトは花の咲く時期、道パトは寒い時期の管理活動のことですね。

カニパトの実施に当たっては、研究者や学校の先生など、それぞれプライドがあって、なかなか私たち市民団体のガイドには従ってくれない方々を説得するための研究もしました。

二〇〇〇年には、二〇人ほどの市民仲間の方に協力してもらって、アカテガニがいつ産卵するかについて、その時間特性を調べました。小網代では私は、市民としての活動が主で、研究はしないんですけど……。

潮の満ち干《ひ》に、大潮、小潮があるのはご存じでしょう。それぞれ、満干の差が最大、最小になる潮汐の状態のことです。地球と月と太陽の位置関係で、月と太陽が直列になるときは海水が両方の引力で引っ張られて大潮になり、直角になったときには、両方の引力が打ち消し合って小潮になるわけです。

アカテガニは、大潮の日に山から岸辺に下りてきて、水の中に入った母カニが懸命にお腹をふるわせてお産をします。正しくは「放仔《ほうし》」といいます。親のお腹から海へ放たれた卵がすぐに孵化《ふか》してゾエアと呼ばれる幼生に変身するのです。海側では、この卵やゾエアを食べようと小魚がたくさん集まります。

これが海に入って、三週間ぐらい経つうちに五回脱皮して、メガロパというエビのようなカニのような不思議なしっぽがついた幼生になる。一週間ぐらい海で漂って帰ってくると、小さなカニになって、一～二年ぐらいすると、また同じことを繰り返します。親は陸で暮らしますが産卵は干潟、子どもは海で育ち、戻ってくるのがまた干潟。アカテガニは、森と干潟と海と、全部を暮らしの場として生き抜く生物なんですね。

産卵の調査は、六月から十月くらいまで、手ごろで視察しやすい幅六メートルぐらいの岩の入り江の入口に、担当者が日暮れから夜の八時くらいまで立って、産卵に来たメスの数を勘定しました。十月になると日暮れ以降は冷えますから、仲間たちにはかなり大変な調査をお願いすることになったわけですが、おかげで六月末から産卵がはじまり、七月から八月にかけてピークになり、九月末まで続くこともわかりました。

しかしカニの産卵が、月のリズムと日没に関係があるということ自体は、以前からよくわかっていました。問題はその日の何時から何時に集中するか。そのパターンでした。たとえば、七月十日は七時から七時十分の間に一〇匹、七月二十日は同じ時間帯に二〇匹だったとします。絶対時間は「七時—七時十分」で同じですが、これを日没時間からの偏差で見てみるのです（七月十日と二十日では当然日没時間が変わっています）。日没から十分、二十分、三十分、……と、改めてデータを変換して整理すると、見事な正規カーブが現れて、日没から二十五分後がピークになることがわかりました。標準偏差が一四・五ですから、大体この二倍の前後三十分で、お産の九五％が行なわれます。つまり、日没時間の五分前から五十五分後までの一時間にカニをいじめなければ、その日の放仔のうち九五％はほぼ安全に行なわれることになるわけです。この成果を権威として、今は訪問者の方にもその時間帯は、私たちのガイドに従って、海にヒトが入って水辺の陸地をカニに解放し撹乱しないようお願いしています。「ヒトは海、カニは陸」という合い言葉で徹底しています。データを見せると、みなさんに納得していただける。まことにうれしい「科学の力」ですね。

でも、日暮れになってもカニがやって来ない日も当然あります。すると訪問者がザワザワしはじめます。「本当にこの時間に出産するのか」と疑い出すわけですね。そんなときは「これは自然現象ですから、あくまで自然法則に従っています。あと七分すれば電車の到着のようにカニが来ますよ」などと言うことにしています。おかげさまで、これまでのところ、ほぼ例外なく定時にピークが訪れます。内心は毎回ヒヤヒヤもので、まさに大道芸。時間を守ってくれるアカテガニに大感謝というほかない。

カニの産卵の光景を見るとみんなワァーッと感動してくれます。それで、お帰りのときに「かながわトラストみどり財団にお入りください」（「かながわトラストみどり財団」は神奈川県のトラスト運動を推進する財団法人。自然保護への関心をたかめるためにトラスト会員を募集し、小網代の保全にもさまざまな経路で関与してきた）と言うと、どんどん入ってくれる。その結果、一九九〇年から数年ぐらいの間に、四〇〇〇人ぐらい会員が増えました。神奈川県知事はこれにいちばんびっくりしたようです。署名が一〇万を超えようが二〇万を超えようが、行政にとってはちっとも怖くないんです。でも、お金を出す人が千単位で集まるとさすがに注目してくれる。保全グループの中心スタッフのおひとり、宮本美織さんが思いついた作戦ですね。

養老　その成果が、一九九四年の県知事の決定につながったわけですね。

岸　そういうことになるでしょうね。

ところで、アメリカでバイオダイバーシティ（生物多様性）の議論が起こったのが一九八六年のことでした。そのときに行なわれたシンポジウムの内容が本になっていますが、その中に、都市で自然を守る方法の一つとして、私たちがやってきた方法と同じことが書いてありました。「umbrella species（天蓋種）」をつくれというのです。

どういうことかといいますと、学術的に重要だというだけでは人の気持ちは動かない。みんなが「かわいい」とか「面白い」と思う生きものを選んでアピールし、保護することができれば、食物連鎖とか生態系の構造によって、その生きものの傘の下でたくさんの生きものが守られる。

養老　小網代の場合、アカテガニがその天蓋種だったというわけですね。

岸　ええ。まさにそういうことです。

養老　いま日常的な現地のお世話は誰が担当しているのですか。まだ保全が完了していないから、行政も出にくいはずですね。

岸　実は、保全のために必要な作業は私が代表をしているＮＰＯ法人（特定非営利活動法人小網代野外活動調整会議）がボランティアで行なっています。県も財団も直接の関与はなし。県も困っているんですね。保全する方針は決め、管理・活用の基本的な方向も整理されてはいますがまだ行政として本格的には動けない。そういう行政の弱いところを私たちも理解していますから、合意や覚書事項を交わして、当面はほぼ全面的に、自力でやることにしています。

養老　自治体以外の団体の助成はどうなっているのですか。

岸　これまで、全労済、富士フィルム・グリーンファンド、トヨタ環境活動助成、三井物産環境基金、日本財団、かながわトラストみどり財団、神奈川新聞社などから、合計で一五〇〇万円くらいの助成を受けています。おかげで、毎年三〇〇万円ぐらいは人件費に使えます。小網代保全の難しさをよく理解してくれる学生や市民が作業の応援に来てくれます。交通費とお弁当代と準備のための諸経費に対応できるぐらいの有償ボランティアですね。

県やトラスト財団と連携して小網代のお世話を続けている私たちのＮＰＯ法人は、助成金による支援をさらに工夫しながら、あと数年は今の形式で、ひたすら小網代につき添う暮らしで頑張るほかないと思っています。保全が確定できたあとのことは、県などにもいろいろな考えがあるのでしょうし、またそのとき考えるのでしょうね。最近は小学校などの学習訪問も増え、その支援にも多額の人件費などがかかります。このような場合、サービスをうける学校がスタッフアルバイト費などの必要経費を用意して下さる文化は我が国にはないので、基本的には会の自弁です。これまでは連携団体である「小網代の森を守る会」が全力で資金を自弁して支えて下さっていたのですが、限界となり、今年から学校支援もＮＰＯが担当することになりました。ぎりぎりで日本財団からの助成が決まり、いま一同安堵しているところです。学校の野外活動へのＮＰＯなどによる支援を、どのように資金的に支えるか、小網代に限らず、いま日本の環境教育の最大の懸念の一つですね。

第3章
流域から考える

大地の構成単位は「流域」である

岸　速足で三十分、ゆっくり歩いて一時間もあれば、源流から海岸の干潟まで、小網代の流域の全体像に触れることができます。

源流の森で清水が湧いていて、中流になったらハンノキやヤナギの森が現れる。ハンゲショウが咲き、アシやガマが生えている。さらに下流に進むと、広い湿原が現われヤナギの森が散在する。その先に突然海が広がっている。引き潮だったら左右の岬に囲まれたその海は、全部みごとな河口干潟です。その左右を塩水湿地が縁どっている。嘘みたいに綺麗な景色です。

小網代は、子どもでも一時間で、「ああ、地べたってこうなっているんだ」と〈流域〉の自然を実感できます。そこで彼らに、たとえば「あと八万年くらいたって、もう一回氷河期が来れば、鶴見川なんかはガタガタに削られて、小網代のような谷になってしまう」という話をしてあげると、わかってくれます。小網代を見ているからわかるのです。「ここを三三〇倍すると鶴見川流域、一八〇〇倍すると多摩川流域、二万四〇〇〇倍すると利根川流域だよ」などと教えてあげるのもいい。

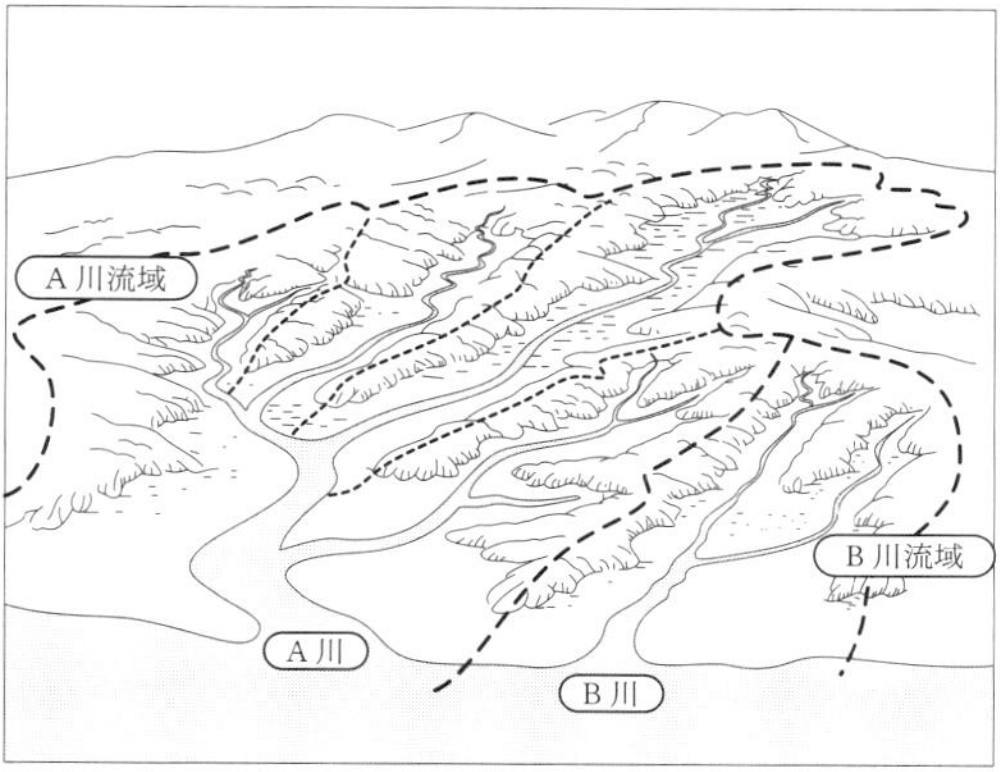

流域の構造

（『鶴見川流域誌』〈2003〉より）

日本には一級水系が一〇九ありますが、どの水系に対応する流域でも基本構造は同じです。生きものの体の単位が細胞で、細胞がわからなかったら生物がわからないのと同様、大地のことを知るためには、その構成単位である〈流域〉のことを知らなければならない。

実は、大地の表面をどの単位で理解すればいいのかについて、国際的な基準は確立していません。行政単位はもちろん人工的に、しばしば激しい争いなども起こしながら決めてゆくわけですが、地球生態系のデコボコ構造にそくした大地の表面の単位の決め方に、基本方式はないのですね。一所懸命に決めようとしている研究者が一部にいますが、あまりに複雑で一般化していません。私がその区切りを考えるとすると、

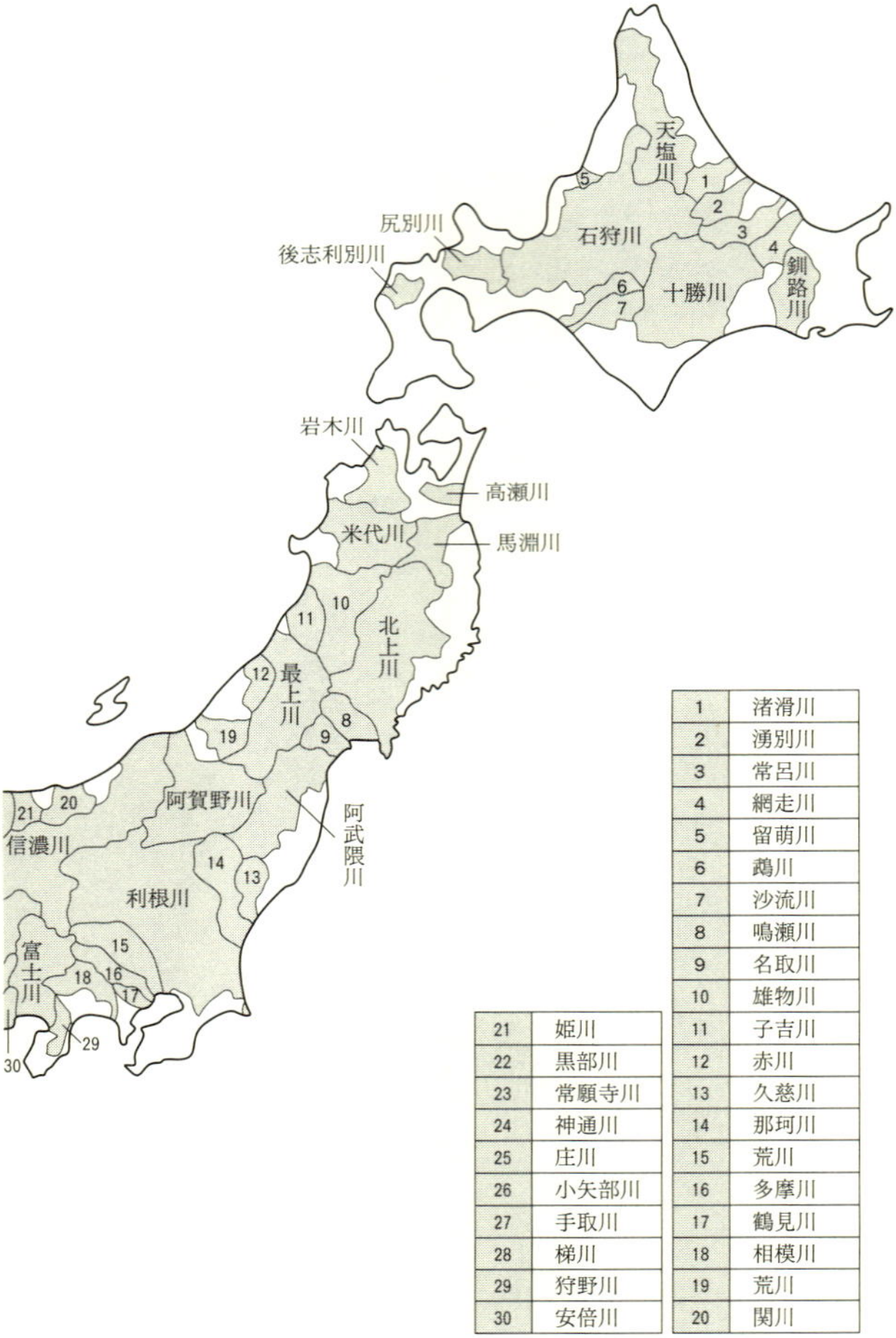

1	渚滑川
2	湧別川
3	常呂川
4	網走川
5	留萌川
6	鵡川
7	沙流川
8	鳴瀬川
9	名取川
10	雄物川
11	子吉川
12	赤川
13	久慈川
14	那珂川
15	荒川
16	多摩川
17	鶴見川
18	相模川
19	荒川
20	関川

21	姫川
22	黒部川
23	常願寺川
24	神通川
25	庄川
26	小矢部川
27	手取川
28	梯川
29	狩野川
30	安倍川

一級水系流域図

(川の名称が地図上にあるもの28流域、表にあるもの81流域、計109流域)

65	山国川
66	筑後川
67	矢部川
68	松浦川
69	六角川
70	嘉瀬川
71	本明川
72	菊池川
73	白川
74	緑川
75	球磨川
76	大分川
77	大野川
78	番匠川
79	五ヶ瀬川
80	小丸川
81	肝属川

48	天神川
49	日野川
50	高津川
51	吉井川
52	旭川
53	高梁川
54	芦田川
55	太田川
56	小瀬川
57	吉野川
58	那賀川
59	土器川
60	重信川
61	肱川
62	物部川
63	仁淀川
64	遠賀川

31	大井川
32	菊川
33	豊川
34	矢作川
35	庄内川
36	鈴鹿川
37	雲出川
38	櫛田川
39	宮川
40	由良川
41	大和川
42	円山川
43	加古川
44	揖保川
45	紀の川
46	北川
47	千代川

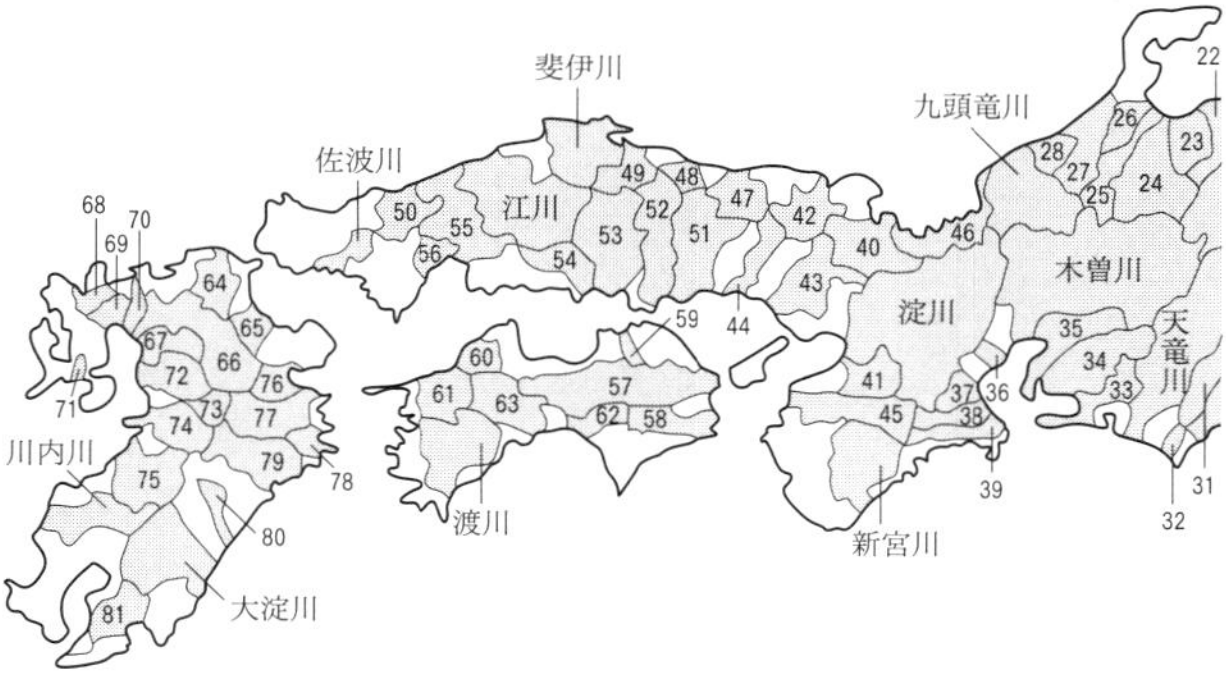

よほど特殊な土地でなければ、ほとんどの地べたは雨の水でくぼみますから、日本列島も世界の大陸も、大小の流域がジグソーパズルのピースになっているような状態だといえるのではないかと思います。

私はグーグルアースが、ワンクリックで地球の全表面を流域に分けるプログラムをつくってくれないかなとつねづね考えています。プログラムは難しくないはずですし、そうしたら全世界規模で大地の認識が激変すると思いますね。

私は実は鶴見川の流域活動も行なっています。全国的には小網代より、そちらの流域活動のほうが知られているのかもしれません。流域面積は小網代の三三〇倍。超過密都市をかかえる典型的な都市流域で、小網代の活動とは規模も複雑さもまったく違うのですが、「流域」という大地の枠組みで安全や環境や文化を実践的に考える、というのはまったく同じ。小網代の成果にも励まされながら、みんなで頑張っています。

日本の政策官僚には地理職がいない。日本の学校には地理教育がない

岸　養老先生の『本質を見抜く力――環境・食料・エネルギー』の中に、「今の日本では地理学が不当に貶められている」と指摘されている箇所がありました。その通りだと思います。

そもそも政策決定に関わる中央官僚に地理職がいないのではありませんか？　日本では大地のデコボコの地図を扱うことは、トップキャリアに不可欠な資質ではない。地図を扱う人たちは国土地理院に行きます。国土地理院は研究職の集団ですから、政策決定には関与しません。今は人事交流が始まっているようですが……。

これは占領政策の影響がいまだに尾を引いているからではないかとさえ考えてしまいますね。勝手な思い込みかもしれませんが、日本では内務省が地図を使うのがうまかったので、戦後は自立的に地図を使った政策を打ち出しても外されてしまったのではないかと思うのです。そのうちにそれが当たり前になり、地べたの地図なんかなくてもいいやと考えるようになったということです。全国総合開発計画、いわゆる全総ですら、地形のことを考えているとは到底思えないような代物ですから。

日本ではトップに行けば行くほど、地べたがどうなっているのかがわかっていません。わかっているのは治水のために流域を理解しないと仕事にならない河川官僚の皆さんばかりといったら、しかられるかもしれませんが……。トップで鮮明な地図理解を示されたのは下河《しもこう》辺《べ》淳《あつし》さんかな。第三次全国総合開発計画を仕切った人ですが、流域圏構想を打ち出しました。行政区じゃなくて、流域圏から生活圏をつくろうと試みたわけですね。でも七七年に出したものだから、八〇年代のバブルに翻弄《ほんろう》されて消えてしまった。

今の日本の地理教育は完全に歪《ゆが》んでいます。理系の事細かな地理学と文化地理学しかなくて、地形学を教えられるプロフェッショナルはいないそうです。

たとえばある市の都市計画をつくるとします。すると、ある地域を第一種住居専用地域に指定したりしなければならないわけですが、そのときに地形を見ないのです。植生はかろうじて見ているようですが、基本的にたとえば駅を中心に半径二キロの同心円を描き、円内を全部第一種住居専用地域に指定するといった決め方が横行している。

現に小網代も、あれほどみごとに深い岩の谷にもかかわらず、七〇年の都市計画の線引きですでに第一種住専になっていました！　地形を重視していたらありえない線引きですね。

土木工事のコストが低く、地価がべらぼうに高ければ、それでも強引にやれた時代がありました。山を削り谷を埋めて儲かればそれでいいからです。でも、地価は下がり、環境への配慮もますます重要になった今は、もう通用しませんね。

以前、市町村レベルは無理でも都道府県単位で土地利用の計画を立てるときには、ランドスケープ、つまり地べたのデコボコの図を必ず参照できるよう、法律を改定したいという国の委員会に参加したことがありますが、激しい反発にあって失敗しました。その後どこかで同じような検討をしたのか、今ではさすがに国土形成計画でも地形を重視する方向になってきたようです。もう付き合いが消えたので詳しくはわからないですが。

養老　戦後は地形よりも人間の都合が優先されるようになったのですね。

岸　おそらく、そうです。その傾向が生まれたのは戦後でしょうか。

養老　戦前がそうでなかったことは、ここの町（鎌倉）がそうですけど、航空写真を見ればわかります。戦後に開発された土地は、ブルドーザーで多少のデコボコは削っている。

岸　戦後の都市計画は、出っ張った場所は削ればいいという発想でつくってきたわけです。

養老　以前、鎌倉市の土地利用の委員長をしていたことがあるのですが、そのときに知った唯一のことは、緑地がいかにして残ったかということでした。鎌倉にはかなり大きな緑地が三つ残っているのですが、話は極めて簡単だった。つまり、主要道路の交差点を中心にして、同じ半径の円を描いてみると、余った所が緑地として残っただけなんです。それはみごとなもので、結局、不便な場所が開発されずに自然に残ったということです。無計画に開発したために、きれいにルールができたんですね。自由に計画をつくったら、不便な所ばかりが緑地になったというわけです。

日本初のネオ・ダーウィニズム系生態学者として

岸　人間と自然との関係を軽視するのは、マルクス主義も同じです。そのことについて触れる前に、私と生物学との関わりを述べておきたいと思います。

私が進化生態学に進むきっかけはハゼでした。ハゼには大きな卵を産む種と、小さな卵を産む種がいます。どうしてそんな分化がおこったのか。これが、昔から日本の魚類生態学の懸案になっていて、伊藤嘉昭さんや今西錦司さんが、家族の進化と関係づけて「保護が加わっていると大きい卵をちょっと産む。保護が加わらないと小さい卵を数多く産む」といっていたのですが、それはおかしいんじゃないかとずっと思っていました。

で、自分の中にモデル的にまったく違う理論が出てきた。保護が加わると、場合によっては卵は小さくなるという逆の理論です。これは考えてみれば当たり前の話で、自立するとカビなどがつきやすくなるけれど、保護されていればつかないから、小さくても生存できる。そう考えると、たとえば、ランの種が小さいのは菌と共生して保護されているからで、ヒマワリの種が大きいのは保護されていないからだということになる。

こんな風に考えることができたのは、私が日本の生態学者の中でかなりませたネオ・ダーウィニストだったからです。大学の一年生だった一九六六年に、ジョン・メイナード・スミスの『The Theory of Evolution』（進化の理論）という、当時ペリカンで出ていた本を読んで、こんなにすっきりした理論があるんだと感動しました。でも当時の日本の生態学はまだまだ古いソ連の生物学の影響が極めて強く、ルイセンコ主義（スターリンの庇護をうけて、メンデル遺伝学やそれにもとづく進化の総合説を否定し、獲得形質の遺伝にもとづく独自の生物学説を唱えたが、一九五四年、フルシチョフによるスターリン批判を契機に実権をうしなった。日本の政治的な生物論議の世界では一九七〇年代にいたるまでかなりの影響があった）が政治好きな生物系の学生の頭の中ではなお全盛だったと思います。メンデルや集団遺伝学が面白いと言うと、当時私が在学していた横浜市大の生物科では、岸はアメリカかぶれの機械論者などと言われました。「岸の頭をみんなで弁証法にしてやらないといけない」などと、憐《あわ》れまれていた。彼らは、もうフルシチョフのスターリン批判が終わっていたのに、これからルイセンコ主義の生物学が本格的に台頭するなどと信じていましたね。

日本の戦後の生態学の世界は、不思議なマルクス主義が本当に広く根付いていた分野なのです。一九六〇年代にネオ・ダーウィニズムで生態学をやろうなどという考えを起こしたのは、全国で私くらいのものだったと思います。主たる原因は、当時の私がひたすら政治的な世間知らずだったということかとは思うのですが。七〇年に入ってなお孤立して一人でやって、卵の大きさもネオ・ダーウィニズムの理屈で説明すると息巻いていました。市民運動をやりながらでしたが、そういうことは頭だけでも考えられますから。それで、グラフモデルにちょっと微分を使っただけで、モデルがポコンとできました。そのまますぐに論文にしたら世界初に並ぶ面白いアイデアだったのですが、面白がってよぶんなこともいろいろ考え、ゴテゴテとしたとても複雑なシステムをつくってしまった。で、あるとき、お前のやっているのと同じ説がアメリカの雑誌に出ているぞと言われたわけです（笑）。遠い昔のなつかしい思い出ですね。

そのような下地がありましたから、たとえば、『人間の本性について』（原書は一九七八年、岸由二訳、思索社、一九八〇年）のE・O・ウィルソンや『利己的な遺伝子』（原書は一九七六年、日高敏隆、岸由二ほか訳、紀伊國屋書店、一九九一年）のリチャード・ドーキンスなどが出てきたときに、彼らが何をやっているかということが内在的にわかりました。正しいかどうかはともかく、自分がやっていることと同じアプローチで仕事をしている研究者が新しい潮流をつくり出しているという感じがあって、当然彼らを支持しました。その段階で彼らをほめていたのはたぶん私と、さらに若手の一部だけだったと思います。

あるとき、岩波書店の編集者の粒良《つぶら》さんが、「面白い本が出たから、岸君、読んで感想を教えてくれる」と言って一冊の本を差し出したのですが、それがドーキンスの『The Selfish Gene』(『利己的な遺伝子』)でした。ざっと読んで、面白いから訳そうと提案したのですが、八杉龍一先生が「これは機械論の本だから、弁証法を旨とする岩波書店が出してはいけない」とおっしゃって、没になりました。まだそんな時代だったんですね。

養老　そうですか。

岸　それで結局、紀伊國屋書店から刊行されることになり、翻訳を頼まれた日高敏隆さんが「こういう乱暴なネオ・ダーウィニズムがわかるのは岸だろう」と指名してくれ、翻訳作業に加わることになったんですね。

人間と生きものの間を取り持つもの

岸　私がなぜマルクス主義者にならなかったかというと、象徴的にいえばマルクスとエンゲルスが扱った「フォイエルバッハ・テーゼ」に違和感があったからです。フォイエルバッハ・テーゼの一つに「人間の本質は社会的諸関係の総体だ」というものがありますが、極論すれば、学生時代の私の回りのませたマルキストは、それだけで仕事をしているように感じられました。誰かが「これは人間の本質だ」といったら、「本質なんてない。それは社会関係で決まるんだ」といい放って、そこで社会的説明に限定したストーリーテリングとなる。

でも、本当は人間同士の社会的諸関係だけではなく、人間と自然との関係だってあるはずです。はなからそれを危険視して、しかも進化的な思考なども排除して思考停止したってしょうがないじゃないか。そう思って、ソシオバイオロジーの人間論にも共鳴しているところがあって、ウィルソンを翻訳したのもその影響でした。

ソシオバイオロジーというと、ナチスが信奉した優生論と同列と本気で誤解している人がいるのですが、二つはまったく違うものです。ナチスにせよ、左派全体主義にせよ、二十世紀前半の全体主義は、民族や階級に自己同一化する本性みたいなものが、遺伝的に、あるいは二次的習性として存在すると考えました。そうした思想が全体主義のとんでもない世界をつくっていったのですが、ウィルソンはそんな生物学的本性は計算上絶対にあり得ない、ただし親戚とか近所の人に強く共感し、自己犠牲的にふるまう傾向は、遺伝的な性質としてあり得ると記述しているだけなのですね。民族に自己犠牲的に同一化する習性も階級本能も、ヒトの生物進化の産物としては絶対にあり得ないという全体主義否定が、社会生物学的な人間論の文明的な貢献といったっていい。ウィルソンも、ハミルトンも、ドーキンスもそう考えていた。実に明解なものです。

　私は人間と自然との関係にも、遺伝的な背景が働くと考えています。たとえば、言語を習得する言語本能のようなものがあって、それが活性化したときに、あるパラメーター（媒介変数）が入ると日本語になり、別のパラメーターが入ると英語になる。チョムスキーの議論は、乱暴にいうとおそらくそんな議論だと思います。

　同じように、人間が人工的な世界を気持ちいいと感じるか、あるいは地べたのデコボコが気になってしょうがないという感覚を持ってしまうかという差は、ヒトという動物のすみ場所学習のプログラムに文化的に異なるパラメーターが入ってきたことによって生じると解釈するとわかりやすいと思うのです。

　人間の中には、言葉などでは自由に相対化できないような、自然との深い関わりが隠されているのかもしれません。ただ、その種の議論はもっと洗練させてやらないと、ウィルソンのバイオフィリア論のように「人間は生きものが大好きな本能を持っている」などと主張するだけになってしまう。私はあのコメントはかなり乱暴な議論で、厳密には誤りだと思っています。もっともっと複雑な議論ですね。でも、お友だちが好きだという本能ならあるかもしれない。その「お友だち」がクワガタムシになると、私や先生のような大人になるんじゃないですか（笑）。

関係を制する「パラメーター設定」

岸　私は高校時代から、「人間とは生きる世界に関する具体的なイメージや基本能力を、感動を誘因として形成（積分？）させる微分方程式系のようなものを遺伝的に備えて生まれてくる動物だ」とぼんやり考えてきました。言語や、人間関係や、空間やすみ場所にかかわるイメージや能力は、遺伝的に与えられた基本構造のようなものが、生きるおりおりの感動を介した現実世界のさまざまな特殊条件のもとで、比喩的にいえば積分されてしまい、具体的な諸能力になってゆくのだというようなイメージなんですね。

たとえば子どもが言語を学ぶのも、言葉を覚えるのが嬉しいからではないでしょうか。分節されたリズムのある音に接することが嬉しくて嬉しくて仕方がないから言葉を覚えていくのであって、「そこに座れ、これから日本語を教えるぞ」と言っても誰も従いません。子どもは聞き耳を立てて、あるリズムのある秩序を持った音がやってきたら、積極的にそれを利用して、言語学習のための生得的な基本プログラムに特定のパラメーター設定をしようとするのだと思います。極端にいうと、子どもはこの世に言語というものがあると確信して生まれてくる。そして、パラメーター設定のために周囲のコトバに感動をもって集中してゆく時期がある。そのときどんな言語に包まれ、感動するかによって、日本語を使用する能力、英語を使用する能力、等々が積分的に分化してくるのだと考えるわけです。日本語は面白くないから五十歳になってから他の言語でもうひとつ能力を形成するというのももちろん可能ではあるわけですが、五十歳ではもう、それにふさわしい感動の支援を得て探しにいくというのが難しいかもしれませんね。やはりほとんどの場合は幼い頃に探しにいく。それが言語学習の生得的な臨界期といえば臨界期なのだと思う。

同じように、子どもはこの世には怖いものと仲良くなれるものがいるという予期のようなものを備えていると思います。仲良くなれるのが人間になるか、ペットになるか、画像になってしまうのか、それとも育つ身の回りに暮らす野生の生きものたちになるのか、人それぞれでしょう。ここでもしかるべき時期に感動を伴ってなんらかの特殊なパラメーターが入ることで、ペットは好きだが野生の虫は絶対だめ、逆にダンゴムシでもハサミムシでも足もとにいる小さな生きものが友達、というような、生物世界との特殊で具体的な関係が形成されていくのではないか。そして同じように、人の遺伝的な深層には進化の産物として、この世には安心して住まうことができる場所を確保したいという予期のようなものもあるにきまっていると私は考える。その微分方程式的な構造にも発達の過程において、なんらかの特殊なパラメーターが作用し、意識してか無意識にか、世界の特定な状況に対応して安らぎを感じる多様なすみ場所感覚、暮らしの地図のようなものができあがる……。

私は幼い頃から、建物としての家というのは寝ぐらのことだと感じていました。昼間に家の中にいてもちっとも幸せじゃなくて、晴れの日も雨の日も外にいました。家は日が暮れたら寝に行く所で、安らぐホームは山野・水辺なんですね。人間には山野や川がホームだと感じる人と感じない人とがいて、今僕と一緒に毎日のように草刈りなどをするおじいさんたちは、僕と同じでみんな前者です。朝目が覚めたらオニギリを持って外に行きたいと考える。「岸先生のところへ行くと一日中森や水辺のホームで草を刈れてなんだかうれしい」と言って、日暮れまで一緒にやってくれる。本能としてそうだったのではなくて、すみ場所を探し定める学習期に、ある特定のパラメーター設定となってしまったためにそのような嗜好性になったのだろうと、もちろん乱暴は百も承知でありますが、さしあたり解釈しているのです。

そうではないパラメーター設定のことを考えると、たとえば、情報社会学の丸田一《はじめ》という人が、サイバー空間が多重化した結果、とても面白くなっているから、人はリアル空間、リアルランドスケープに住まなくなるだろうという、当然誰かが言い出しそうな議論をしていて、とても気になりますね（『「場所」論』、ＮＴＴ出版、二〇〇八年ほか）。つまり、パラメーター設定を、全部サイバー空間でやれるだろうということ。都市の暮らしはすでにそんなパラメーター設定が多数となる暮らしかもしれないという指摘です。地球に暮らしているのに足もとの地球そのものには特段の愛も関心もなく、衛生的で安全で、ときおり美しい大自然や驚異の動物画像などの流れるモニターやＰＣのある個室を世界にして、完全に充足することだってできるかもしれないことになる。パソコンをたたいていればお金が入る仕事はいくらでもありますし、必要なものだってパソコンで注文すれば宅配業者が持ってきてくれるわけですから、ほとんど外に出なくても暮らしていける。頭は観念的なエコロジーで充満しているのに、体や感性はリアルな地球とまったく関係のない暮らし、というのが都市の多数派になりうるのかもしれません。

そしてもちろん、私たちの制度では、そういう市民にも一票の権利があります。山で草刈りをして、洪水のことがリアルにわかる人も、何もわからない宇宙人みたいな人も同じ一票の権利を持っていて、それで地球環境危機の時代の民主主義が正常に動くのかどうか、はなはだ心もとないところがあります。たとえば、原生自然を守りたいからダムはいらないと誰かが言い出し、「でも、ここにダムをつくらないと確実に中下流域が大氾濫《はんらん》する」と言われも、土地にリアルなイメージのない民主主義は「それでいい」という決断を下してしまうことだって考えられるわけです。でも、大氾濫は防がなくてはいけないから〝エコファシズム〟のような強権発動が他方で期待されてしまうことだってありえるかもしれない。私は自然保護者ではあるけれど、居住地帯が大水害にあうのは阻止しなければいけないと考えます。強権を排し、リアルな地球にしっかり適応してゆくために、私たちは私たちのすみ場所感覚から再検討してゆく必要があると思っています。

養老 エコファシズムは面倒くさいですね。原理主義者は、原理主義独特の考え方をするからすぐわかります。感覚的にわかる。さっきの地面のデコボコと同じで、理屈でなくわかりますよ。僕は、日本中が原理主義だった戦争の時分に育っていますから、あの雰囲気は絶対に忘れない。

エコファシズムの動きに類するものは、左翼運動の中に典型的にありました。だから僕は左翼でもないんです。原理主義は無意識にはじきますから。僕らの世代で、無意識に原理主義をはじいている人は多いと思います。

岸 そうでしょうね。

養老 理屈にもしないで、話が出た瞬間に引くんです。引くだけではちょっと問題もあるんだろうなとは思うけれども、原理主義をはじく性向は戦後日本に、いわば共通のものとしてあったものです。自民党などには、それが典型的に出ているでしょう。

流域思考とは何か

岸　一級水系の日本全国分布（七〇〜七一頁）を見ますと、面白いことに気がつきます。全部で一〇九の水系があるわけですが、これが日本国土の六割から七割をおおっているように思われます。国土交通省河川局が、水循環健全の視点から、決意して日本の地べたをちゃんとしようと思えば、国土の六、七割についてケアできる可能性があるということです。

土木ばかりではなく、たとえば、川で子どもが遊んで面白がっているということを手がかりとして、大地への感覚、流域の健全な開発保全計画が河川行政等を通して広く国民に伝われば、国民の地べたに関するエコロジカル感覚が、それぞれの土地に合った形で、自ずから培《つちか》われると思います。水の事故が起こる度に、そのような気運が萎《しぼ》んでしまうのがとても残念ですが……。

あえていえば、これが私の、「世界は流域だ、流域は世界だ」という原理主義ということになりますが、そういうまとめ方をしたものが、ありそうでなかなかない。

域思考とは何かをしっかり定義する必要があるかもしれませんが、あまり難しく考えずまずは、「流域単位で考えましょう、物事をとらえていきましょう」といったていどでと思います。あえて堅苦しくいえば「流域思考の生態文化地域主義」という概念を考えています。いわゆるバイオリジョナリズム(bioregionalism:生命地域主義)と似たものですね。でも、そういう理屈ではなくて、「なんでもかんでも可能なものは、流域で考えたら面白いよ」といったスタンスが当面は正解なのだと思います。

私の場合は、小網代保全は流域単位の生態系保全というビジョンでまとまったら良いと考えてきた。鶴見川流域の活動は、「地球」と一緒に暮らすための都市の文化づくりを流域単位ですすめようというビジョンが焦点となっています。

脳は世界を入れ子構造で把握する

岸　環境把握の基本と絡む疑問というか、不思議があります。人間は、世界像をつかもうとするときに、入れ子構造とか階層構造的な整理の仕方をするでしょう。なぜそのような整理をするかという研究や議論を読んだことはありませんが、それはとても重要なことだと思っています。脳がそうなっているわけですね。

たとえば、何々大学、何々学部、何々学科という階層があり、住所も横浜市港北区日吉という具合に階層になっている。上から見ると入れ子だけれど、横から見るとヒエラルキーになります。そう整理すると、何かわかった感じになる。だとすると、地べたを理解しようとする際にも、このような整理の仕方が有効だと推測できます。具体的には、流域も入れ子構造を基本にすると整理ができる。

生物の分類も入れ子にしますが、あれは分岐的な進化の秩序の反映というより、生物の多様性を一元的に整理して把握したいという人間の都合に対応した必然が、まずあるのでしょうね。界、門、綱、目、科、属、種などという分類は、厳密にいえば人間が理解するためのものであって、根拠のある自然分類なんかであるはずがないと私は思います。でも、生物多様性との共存を考える場合、生きものを階層的に理解するとわかりやすくなる。

これと同じように、生きものの住む世界、大地の秩序も入れ子構造にしてしまうのがよいと私は考えています。足もとから広がる大地について、緩やかでいいから全体像が理解されていないと話になりません。私たちの産業文明が共通の地図感覚として受け入れているのは、行政住所の入れ子構造です。しかし行政住所のような人為的な階層で暮らしの空間を認識するだけではなくて、自分の足で歩いた地形に基づいて、大地の構造に即したもう一つの入れ子構造をつくって突っ張ることもできますね。この、突っ張る感覚が必要で、そのような感覚の中で子どもを育てることが今重要なんだと思います。

養老　今の脳の話は、僕も最近議論しました。

岸　そうですか。養老先生に、人間の頭は物事を階層構造で理解するようにできているらしいことと、それは地べたについても生きものについても同じだということをお話しいただけると面白いと思うのですが。

養老　たとえば、「リンゴ」という言葉について考えてみましょうか。感覚的にとらえると、具体的なリンゴは一つひとつ全部が違います。英語でいえば、それぞれのリンゴが the apple になっちゃうわけですね。でもそれを概念化して an apple にすれば全部同じです。さらに、リンゴやナシやブドウをまとめて同じにすると果物、果物と肉や魚を集めると食べ物、言葉の階層はこのようにして築かれていきます。それをとことん突き詰めていくと、最後に一個にまとまる。同じ、同じ、同じで重ねていって、その一個になったのが唯一絶対神ですね。

ピンとこないかもしれないけれど、僕のいっていることと岸さんのいっていることはたぶん同じで、唯一絶対神を持った一神教的な宗教がそのような階層構造になっています。一方、八百万《やおよろず》の宗教はきわめて感覚的です。なぜかというと、感覚的には世界は無限だからですね。

だから「A＝B」という、文字が入った数式に最初に出合ったとき、子どもは引っかかりを覚えます。なぜかというと、AとBは感覚的に違うものだからです。イコールは意識の中にしかありえないもので、感覚にはそもそもイコールがありません。なぜなら見たものは全部違うから。それを同じという言葉で括《くく》っていくときに、時間を隔てても変わらないものを情報というんです。たとえば、この本に印刷された文章は十年経っても百年経っても変わりません。それが情報です。「変わらない」ってことは、「同じ」ってことですからね。意識は「同じもの」、つまり情報を扱うわけです。

意識が同じという機能を持つことによって何が起こるかといいますと、自己同一性という変なものが発生するのです。記憶にある自分の意識は全部同じもの、同じ私だという意識です。だから、自己同一性というのは感覚的なものではなく、意識に内在するものなのです。意識が同じという働きを持つならば、人間の記憶は「同じ」自分の記憶でなければならなくなります。たまに分裂して複数の人格の意識を持っている人もいますが。

目が覚めたとき、自分のいる場所を疑う人がいます。「なんで俺はこんな所に寝ているんだ」と。そんなときでも「俺」のほうは同一です。なぜかというと、脳が非常にたくさんの機能を持ったからです。多くの機能で得てきたさまざまな認識を「同じ」働きで括っていかないとバラけてしまうのです。本来は、耳で聞いていることと目で見ているものはまったく違いますから、物理的にいえば、その二つは重なるはずがありません。音波のパターンと光のパターンが同じになるわけがない。にもかかわらず、言語はそれを重ねます。そういう意味で言語は極めて人間的なものです。本来、視覚言語による認識と聴覚言語による認識が重なり合うというのはおかしなことなのです。脳がやらないかぎりできない相談なんですね。

リバーネームは「岸・目黒川鶴見川・由二」

岸　養老さんが解説してくれた、脳の認識の構造でいうと、一神教型になってしまうのかもしれませんが、今私たちが地球という星に、文明として再適応してゆくための、地元のグラスルーツのツールとして、私は流域の住所というものを提案しています。

たとえば、私の研究室の住所は、行政住所の入れ子構造でいうと、神奈川県横浜市港北区日吉四の一の一　慶應大学第二校舎三〇一なのですが、流域入れ子構造の住所でいうと、鶴見川流域・矢上川支流流域・松の川小流域・まむし谷流域・一の谷西の肩第二校舎三〇一になる（笑）。それを「流域住所」「自然の住所」と呼んで、学生に「流域住所を書いてこい」

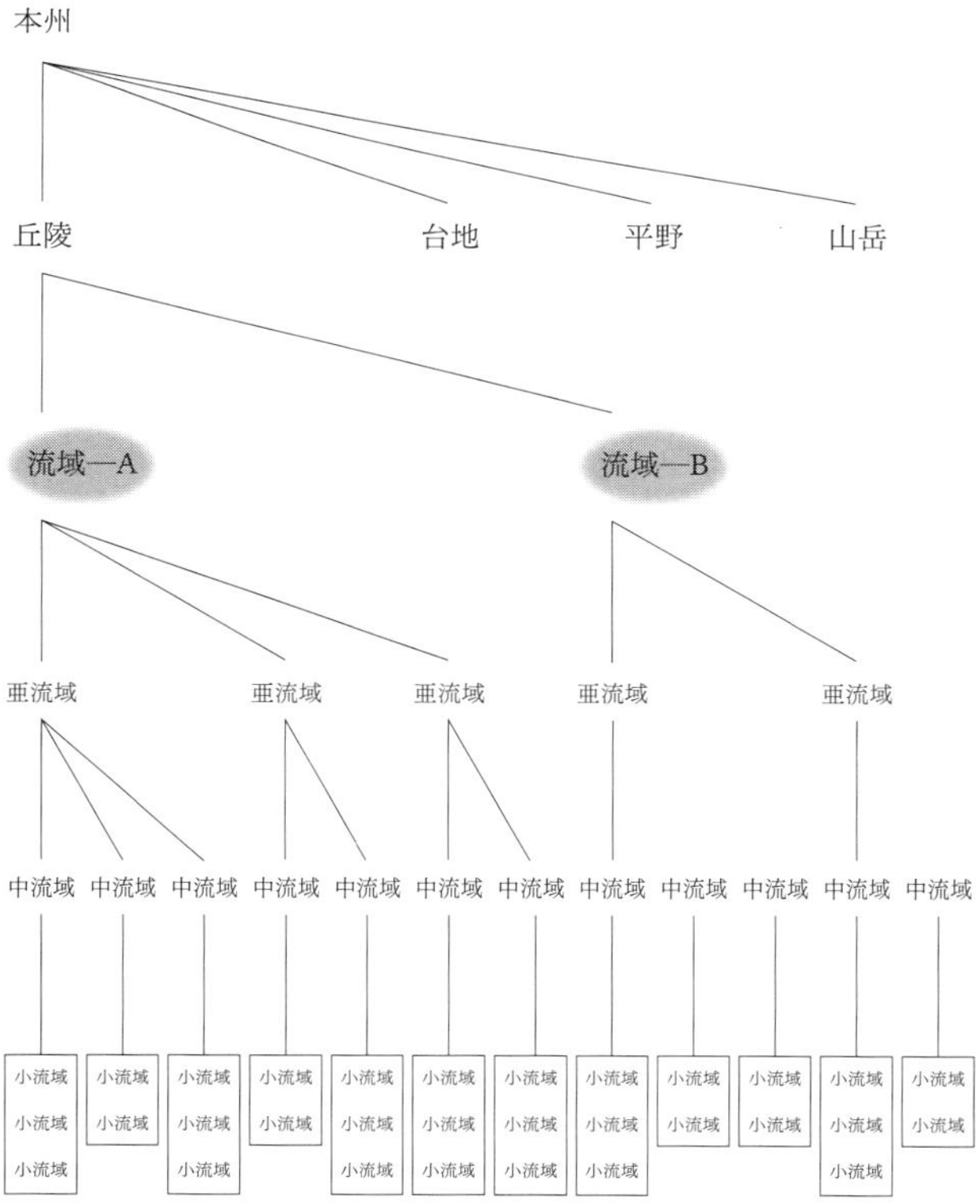

〈大地のデコボコ生態系〉の階層構造

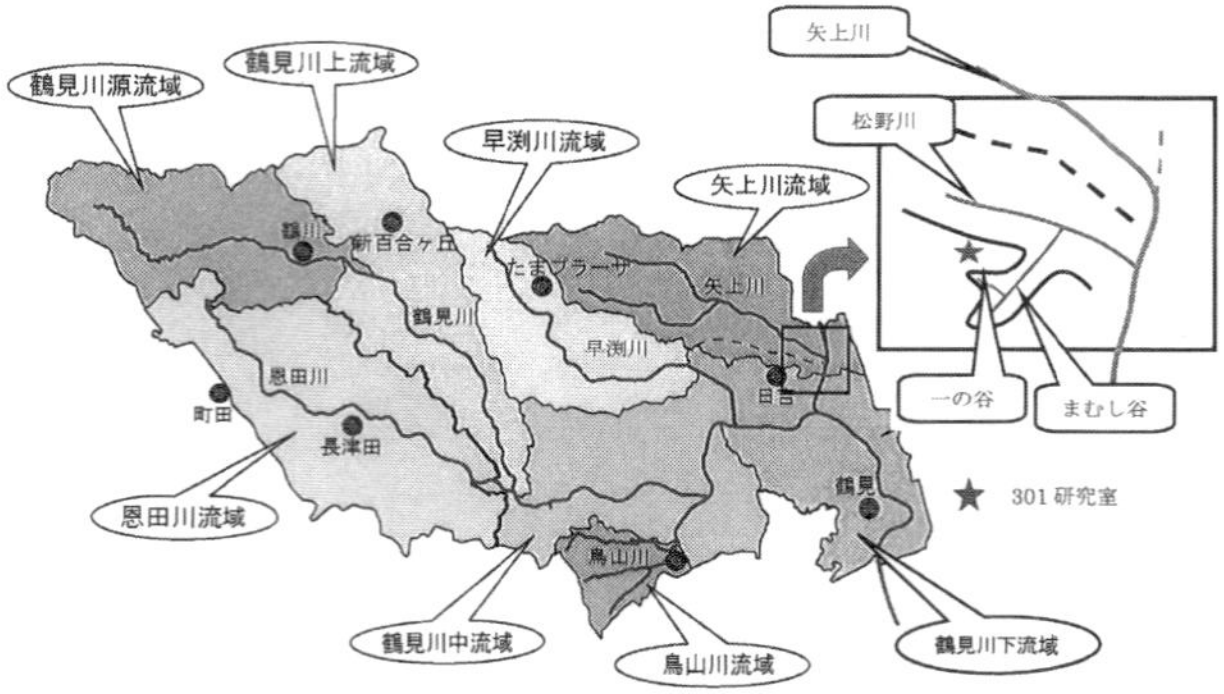

慶應大学の岸研究室の流域住所

なんて言って、流行らせようとしています。

流域住所では細かすぎるので、リバーネームというのも使っています。「こっちは戒名の代わりにも使える。私の場合は生まれが目黒川流域、今すんでいるのは鶴見川流域だから、岸・目黒川鶴見川・由二になるのですが、死んだら三途《さんず》の川に行くかもしれませんから、岸・目黒川鶴見川三途川・由二。氏名を取って書くと、目黒川鶴見川三途川ということになって何だか戒名の代わりにもなりそうで、格好いい（笑）。「リバーネームで自己紹介しよう」と言って、一時は市民団体の交流会などで、ずいぶんやったんです。

それが面白いというので、川端裕人という若手の小説家が、『川の名前』（早川書房、二〇〇四年、現・ハヤカワ文庫ＪＡ）という思春期前期の採集狩猟民的な少年たちを主人公にした小説を書いて、結構人気があります。

養老　僕はただの採集狩猟民じゃつまんないな。もっともプリミティブなのがいい。

岸　私は、球技も球を追いかけ回す採集狩猟活動の一種だと思っています。ゲーセンのＵＦＯキャッチャーも、採集狩猟活動。考えてみると、みんながどこかで疑似採集狩猟活動をやっている（笑）。どんな言葉をしゃべろうと言語活動はヒトの習性。どんな探索活動をしようとそこには採集狩猟民の活動が潜んでいると、私は思っているのですが……。

さて、自分のリバーネームを決めたら、今度は実際に流域を歩いてほしいと思います。流域を理解するためには、この本でやってみたように、歩くのが一番です。面白いですからね。本でもあるていどはわかるけど、まずは歩いてみる。

大人が「流域で考える」というのと、子どもが「流域で感じる」というのはちょっと違うわけで、子どもは流域なんてことは考えずに、あくまで泥や土や草や虫と遊んでいます。そのような経験が、大きくなったときに、「俺は川で遊んだぞ、君は雑木林で遊んだか、でもどちらも大人の知恵、文化の枠組でいえば、〈流域〉の中の活動だ」という方式で、流域ベースの地域把握、地域文化のコモングラウンドに編み上げてゆくことができる……。山で育っても、川で育っても、みんな流域という自然生態系の枠組において仲良くしようという活動につなげてゆくことができる。

養老　僕にも子どものときにいつも一緒だった仲良しが二人いて、「滑川の源流を探ろう」とずっと遡っていった覚えがあります。考えてみると、あれは子どもの流域活動だったんだ。

岸　滑川は二キロぐらいありますか。

養老　そうですね。他の川では意外と長くて失敗に終わりましたが。大岡川にもチャレンジしましたけど、駄目でした。

人間は宇宙人の感覚で地球に住んでいる

岸　養老さんのように、幼少時代に川で遊んだ経験のある人と、そうした経験のない人とは、やはり感覚が違ってくるようですね。私は自然や身の回りの環境に対する感じ方が自分とほかの人たちとは違うという違和感が、子どもの頃からずっとあった。

先ほども述べましたが、私は家の中より外の世界のほうにずっと親しみを感じて生きてきました。家は寝場所、自分は採集狩猟民だという実感があるので、自然と聞くと体に染みついた近くの川や雑木林などを思い出すのがほとんどなのに、世間が自然について語るときは遠いアフリカの草原やサンゴ礁《しょう》の島の話ばかり出てくる。そこが感性的に理解できなかったのです。同じ都市の真ん中に住んでいても、自分はみんなと違う地図を持っていると感じながら、かなり孤独に暮らしてきたわけです。

しかし、年をとってくると、自分と同じように感じる人がいるということがさすがにわかってきます。今はそんな人たちともお付き合いするようになって、たとえば、切迫する地球環境危機の問題を考えるにしても、足もとの自然から考えて行く環境活動をしっかり工夫できるようになった。

そもそも地球にどうしてこういう危機がやってきたのかというと、原因は産業文明ということになります。産業文明がなぜ環境危機を引き起こしたか。産業文明を執行する意思決定や企画には、地球の容量とか生態系のキャパシティに配慮する感性が基本的に欠けている。産業革命以降、まだ三百年も経っていませんが、この間、とてつもない勢いで拡大、拡大とやってきて、人口と資源と空間の問題が量的に逼迫《ひっぱく》してきました。たとえば二十世紀半ば、人口は最速時には三十年で倍増、一人当たりの豊かさも増加しましたから、文明全体として地球に加えるインパクトは三十年よりも短い期間で倍増するスピードだったと思われます。二十一世紀初頭の現在でも、人口増加には強いブレーキはかかっているものの、人間社会が地球に加える物質的なインパクトはなお、四〜五十年くらいで倍増するくらいのペースなのではないか。こんなプロセスが百年、二百年続くはずがない。そこに今、さらに温暖化の危機と生物多様性の危機が重なっている。つまり、今の人間は、自分が暮らす地球という有限な場所の容量と、主観的な期待・企画や行動とのバランスが取れなくなっているわけですね。

しかし、私は、それを変えることができると思っています。その中心にある考え方を一言でいえば、自分は地球のどこに住んでいるのかという感覚を、暮らしの足もとで大事にする文化を世界中の地域から組み立て直してゆくということですね。われわれが住んでいるのは、必然の網に縛られた地球の表面であって、意思決定や行動に当たっては、そこにどういう制約や可能性があるかということに配慮しないといけないということです。

たとえば、採集狩猟民には自分で歩ける範囲で採れるものを採ってくるしか方法がありません。農業者なら、自分の力が及ぶ範囲の畑や田圃で仕事をするしかありません。自分の中に自分の住むリアルな場所の地図がないというのは、産業文明の都市文化の中で生きる人に特有のものではないかと思います。私たちは、足もとに暮らしの領域の定まらないE．T．(extraterrestrial)、つまり宇宙人みたいなもので、産業文明は、地べたとの関係でいうと実は宇宙人の感覚で運営されている。これをどうするかというのが今の問題で、ことによると解決に百年や二百年はかかるのかもしれません。日々の暮らしということでいえば、朝起きて会社に行ってパソコンをたたき、昼になれば食べる物はコンビニで買い、必要な大ものはパソコンで注文して通販で手に入れるという暮らしで十分間に合うわけですからね。

しかし、地球の上に住んでいる以上は、たとえば洪水はそんなこととは関係なしに、巨大都市のど真ん中でさえ、流域単位でやってきます。さらに地震もあるし、生態系を破壊する危機もある。都市に住む市民は、今あらためて「自分の住む場所は地球の上だ」と自覚するような地図をつくり、すみ場所の感覚を取り戻す必要があるのだろうと思います。流域という枠組みを重視してゆけば、それはできるというのが私の考えですね。

神奈川と千葉を一緒にまとめるな！

岸　道州制の議論の中にとんでもない話があります。単なる試案の一つではありますが、神奈川県と千葉県を一緒にするという案です。経済事情だけを考えているんでしょうが、神奈川県と千葉県を一緒にして、河川行政は誰がやるのでしょう。洪水が起こったらどうなるのか。こういう感覚は非常に恐ろしいと私は思います。神奈川の鶴見川の流域に住んでいる人が、千葉の小櫃川《おびつがわ》あたりに遊びにいくことはあっても、小櫃川の流域管理の日常的な意思決定に関わることなんてできません。そうなれば、鶴見川上流の東京都民は別の州のまま。さらに流域行政はやりにくくなる。

養老　たとえば、今の小選挙区制になる前の中選挙区の区分では、川崎と三浦半島が一緒の神奈川四区になっていました。そこの選挙区から当選した代議士が小泉純一郎だということは忘れないほうがいい。彼は「自民党をつぶせ」と連呼しましたが、それは小泉氏の本音だと思います。つまり、彼は地元利益誘導型の代議士ではなかったわけです。川崎と三浦半島が地元だなんて、ありえないようなめちゃくちゃな選挙区でしょう。今の千葉と神奈川を一緒にするという話は、それに似ています。

小泉氏が変な代議士になったのはそのせいだと思います。利益誘導型がごく普通だった時代に、極端にいえば小泉氏には利益を誘導すべき地元がなかったのですから。彼の地元は横須賀ですが、大票田は川崎で横須賀だけでは代議士に立てませんでした。しかも横須賀という町は変な所で、ご存知のように戦前は帝国海軍の鎮守府《ちんじゅふ》があり、戦後はそのまま米軍が居座っている。だから、ある意味では、小泉氏は沖縄県知事みたいなものでした。小泉氏が首相だったときにメディアに出た小泉論でそれに触れたものは一切なかったように思いますが、今の人は何を見ているんだろうと思う。

誰とどこで暮らしているか

岸　私は、慶應大と和光大で「流域論」などを教えています。その講義のスタートの時間に、「君は誰とどこに暮らしていると感じている？」とよく質問します。地球環境の危機は、私たちの産業文明が地球という星に平和に暮らしてゆける「すみ場所」感覚を実現できていないことが根本問題と私は思っていますので、「誰とどこに暮らしているか」ということにかんする、産業文明内での共通認識を変換するところから始めないと駄目だと思うし、これもできると思っているからです。大袈裟《おおげさ》にいいますと、そういう転換を自分の親しんできた領域で実行するために小網代を守り続けたいし、鶴見川の流域も考えたい。人生一〇回分くらいかかりそうな大事業でしょうが、事業を始めることはできる。

養老　「誰とどこに暮らしているの？」と訊かれた学生はどう答えるんですか。

岸　「誰」については家族という答が圧倒的に多いです。次がひとりという答、さらに友だち、ペットという学生もいます。「どこに？」という質問には、昔は行政区で答える学生が大半でした。「町田にいます」とかね。でも、ここ四、五年の傾向ですが、躊躇《ちゅうちょ》なく「家」と答える学生が急増しています。つまり、「家族と家に」ですね。和光大学は、行政区で答える学生がそこそこにいるんですけど。慶應にはあまりいません。「ひとりで下宿」という答も多い。

「ひとりで下宿」「家族と家に」――これは非常に不思議な答だと思います。「暮らす」という言葉が「家の中にいる」というのと同義になるくらい貧相になっているのかもしれませんが、生態学の先生が質問しているのに、「誰とどこに暮らしてる」と訊かれて「家族と家」はないだろうと思います。たまに「家族と自然と地球に暮らしてる」などと言う子がいますが、そういう学生はだいたい賢くて、この先生はどういう授業をする人かという予想をつけて答えているだけで、素直に答えると、彼らも「家族と家」で何が悪いと思っているのかもしれません。

私は、これが私たちの産業文明のつくりあげてきた暮らしのディープなすみ場所の感覚、つまりは環境の感覚の基本なんだと思います。家族と家にいるという、脱地球というか、地球忘却の感覚で、場合によっては地球を動かすような企画を出したりするわけです。それがいちばんの問題ですね。

人は自分の住まい、自分の住まう場所に納得しているべきであると私は思っています。ホモ・サピエンスは進化史的にいえば採集狩猟動物であるけれども、無限に移動を続ける採集動物ではない。つまり、半定住型の採集狩猟動物だと考えることができる。ホモ・サピエンスは育っていく過程で、誰が友達で、誰が敵で、何が食べ物で、何を食べてはいけなくて、どこが住む場所で、どこが自分が住む場所ではないかということを、何らかの形で決定してしまう動物だと思うんですね。

採集狩猟暮らしをしているときには、ある限られた地平線の中に含まれる領域がたとえばそれに当たります。エストニア出身のドイツ人生物学者であるヤーコブ・ユクスキュルという人に『生物から見た世界』（日高敏隆訳、岩波文庫、原著一九三四年）という有名な本がありまして、その中に、「人間の視野で識別がつく遠方は、大人で半径六〜八キロまで」という趣旨の記述があります。素直な実感に従っていえば、人間の住む世界は人間の五感で納得したドームのようなものであるということです。旧約聖書に、「神が天の水と地の水を分けてドームにし、天蓋をつけて人間の住む世界をつくった」と書いてありますが、太古の石器時代も環境危機の今も、リアルな人間とはいつもそんなドームを、我が世界として持ち歩いている動物と考えたほうがいいのかもしれない。

では、現代の人間は自らの住むそんな領域をどのように了解しているのか。地べたのデコボコや水系が、ドームを決める基本要素になっているのか。ほとんどそうではなくなっているというのが現実でしょう。町の幾何学模様がドームを形成できるし、丸田一氏のいい方を借りれば、サイバースペースを階層構造化していくことによって、私がいうところの「自分の住所」を定めることだってできます。彼はそこまではいい切っていませんが、「もうサイバースペースから出て行く必要はない。リアルランドスケープは、もはや人の故郷でなくなる」と示唆はしているんです。ペットと暮らす「部屋」がドームになるなんていうのは、まだ序の口の危機ということですね。

こんな例もあります。多摩丘陵の山の中で道に迷ったことがありました。パニックになって、畑にいるおじいちゃんに「この地図のこの場所はどこ？」と訊いてみたら、「ちょっと待ってろ」と言って、古びた土地所有の区分図（公図）を持ってきたんです。そして、「あの山は○○さんの山だから、今はここだ」と言う。つまり、おじいちゃんの頭の中の地図は、大地のデコボコがつくるリアルなランドスケープではなく土地の所有図になっているのかもしれないんですね。農家の秘密を垣間《かいま》見た気がしてびっくりしました。「山があって、川があって」といった形でいまこの場所を把握しているのではなくて、誰べえの山、彼べえの山という所有関係をドームとして「いま・ここ」を理解している。

養老　建築家の藤森照信が、人間の空間認識の基本にあるのは、その人が育った環境だといっていました。ある年齢のときに、世界のイメージを決めてしまうのです。建築家がそういうのですから、あるいはそうなのかもしれません。そしてその空間認識は、その人自身の個人的な体験に縛られているそうです。私もそうだろうと思います。

たとえば、七、八歳から十一、二歳の頃までの間に地べたで遊ぶということをせず、自然と触れる喜びに感動するということを知らないままで、サイバー空間に入り込むような楽しい暮らしをさせれば、彼は彼なりの自分の世界をつくってしまうでしょう。そして、その世界はもうリアルな世界と関係がない。

岸　私は北関東の平らな土地に行くと、不安であそこには下宿できないと思います。鶴見の低平地で育ったわけですが、鶴見川が町を貫き、一キロ、二キロ歩くともう丘陵でした。実際は丘陵地に住んでいたようなもので、自分の暮らす地べたはデコボコしてて当たり前だと体が深く確信している。いくら開発が進んでビルのデコボコが広がっても低地だと、不安になって駄目ですね。

養老　僕は東京で泊まる場合、ホテルから山が見えないと駄目なんです。それも近くに緑の山がないと駄目。

岸　私の育った町は、横浜の鶴見川下流の京浜工業地帯の後背地で、煤煙《ばいえん》と汚染と河川の氾濫が日常的のような地域でした。でも、だからといって、そういう町を呪うようになったかというとそうではないし、都市は今でも大好きです。でも、それと同時に、鶴見川で魚やカニを採り、埋立地で遊んで、近郊の丘に行っては雑木林や谷戸（多摩丘陵や三浦半島域では、丘陵や台地にきざまれた小さな谷のことを谷戸と呼ぶ）をめぐって遊び育ちました。ふるさとは、公害と洪水の都市であると同時に、まずは、鶴見川とその周辺の丘や谷戸や海辺の広がる大地なんですね。今は前にも申し上げたように、大学につとめて現金収入も得る都市型兼業採集狩猟民として生きていますが、自由な時間は、都市を乗せる鶴見川流域や多摩三浦丘陵の大地のデコボコにそって、川辺をめぐり、丘陵を辿る。そして、環境保全活動ということではありますが、木を切ったり、草を刈ったり、魚を獲ったり、虫を追いかけるというような生活に終始しています。もちろん論文も書き本も書きますが、それは活動の数パーセントていどのものかもしれない。子どものときのすみ場所の感覚のままここまでやって来たような気がします。

金沢の埋め立て反対運動を独力で始めたときは、後で地域に組織ができたので、大学院にいる間はそこの事務局をやっていました。勘定するともう四十一年も足もと型の地域活動をしていることになる。金沢のときは、地べたにまったく足のついていない政治組織や人間関係に振り回されて、自分の本当の思考を生かせなかったという苦い経験がありますが、その後は小網代でようやく納得できる活動をすすめることができるようになりました。

自然は予定調和に背きたがる

養老　以前小網代に来たときは虫を採りましたが、今回は歩くことに懸命で、基本的に何も考えずに歩きました。場所がずいぶん変わった感じがしたし、また、当時は松がかなりありましたが、おそらく虫による松枯れで全部やられてました。そういうふうに、風景というのは見ているとどんどん変わりますね。自然は循環的なものだ、大雨が降ったりすると環境は一瞬にして変わるということが目に見えてわかって、そこは非常に面白かった。生きものにはそういう意味での全体性があります。今回は海については干潟でしたけども。

岸　ええ。一年でいちばん潮が退く日を選びました。

養老　京都大学に「森里海連環学」という分野がありますね。生態系同士のつながりが生み出す自然の恵みや、自然（森海）と人（里）が影響し合って生み出すものについて、大きな視点で研究しようという学問ですが、岸さんが純粋に取り出してきた小網代の自然系などは、小さいとはいえ、その格好のモデルになると思います。

岸　今回入ってもらったのは中央の部分ですが、北側と南側にまだ人が入れない所がありま
す。いずれも植物群落や水系の変化がすすんでいますが、北側の谷は今一番みごとな湿原が
広がっている状況です。これもあと五年もすればヤナギやアシが広がってゆく。その流域を
どうするかということが直近の大きな課題ですね。いろんな人が、こうしたらいい、ああな
ったらいいという意見を言い合いながら、保全をすすめていくのでしょうね。計画の大雑把
なところは一応できています。

でも、いずれにせよ、養老先生がおっしゃったような、自然は刻々と変わっていくという
ことが基本になるでしょうね。小網代では、流域という地形の入れ物が変わらずに中身がど
んどん変わっているわけですから、そういう意味では確かにモデルとしての可能性がありま
す。ただこの十年で変わった人の出入りを、最終的な理想形としてどう管理していくかとい
う点については、まだ明確な決着がついていません。将来、保全が確定してたくさんの市民
が訪れるようになったら、小さな谷ごとに、流域管理をすすめていくことになるのでしょう
ね。さまざまな人が訪れ、生態系にさまざまな影響を与えると思います。予定調和があるわ
けではないんですね。

養老　学者は、生態学で生態系の変化の予測ができると思っている。

岸　学者もそうですが、周辺の自然ファンに強い思い込みがまだあるかもしれません。

養老　小網代のような環境は、たとえ百年、二百年見ていても法則性を見つけることは難しい。結局、その価値を彼らは知らないわけですよ。だからこそ小網代のような、基本的な自然の変化を放置している。暖かい時代と寒い時代があるように、自然は場所によっても時代によっても形を変えるのに。

岸　つい三、四十年前まで、生態学者たちは、生態学現象を見るときにバランス・オブ・ネーチャーを重視していました。balance of nature を重く見て、人が手を入れなければ自然はある秩序にしたがって安定したり一定の決まった変化をするから、やむを得ない人的介入を除いて、基本的に自然そのものに任せましょうというルールが一般的だった。

ところが、今は chance and change ということで、自然は局所的には遷移のような定型的な現象があるにせよ、基本的、大局的には偶然と変化に大きく既定されていることが見えてきました。自然の本質は調和・安定ではなく偶然・変化という見方に大きく変わっている。広域内のどこかで偶然の激変が起こる可能性を確率的に計算できるとしても、場所や時間を限定して一般市民が期待するような確実な予測はできないという方向に変わってきたわけです。そういう議論を先取りした、私が尊敬しているアメリカのウィリアム・ドゥルーリーという保全生態学の学者などは、この疑問に対して、「保全はその地域のことをいちばんよく知っているナチュラリストの言う通りにやれ」といっているくらいです。

これは名言と思います。小網代でもいろんな学者などが突然やってきて、ああしたら、こうしたらと言ってくる。一応耳を傾けたほうがいいんだけれども、あの竜に似た形をした流域に馴染み親しんで何十年見てきた市民たちの知恵を第一に尊重していただくのが、たぶんいちばんいい。生態学もダーウィンから百五十年やってきて、いろいろと難しいことに挑戦しましたが、結論はそれです（笑）。でも、とてもいい結論だという気がする。小網代だって、予想もしないことばかりです。たとえば、あそこにトキワツユクサが入ってこれほどの大攪乱になるなどと誰も考えもしなかった。いつもいつもお世話をしつづける。結局それしかないということです。

養老　ある意味で頃合いになってきたということなんでしょうね。

物事を「因果の集積」と見るな

岸　我々は、何かを勉強しようとするときに、文字、数字、技術といったリテラシー、極端にいえば読み書きソロバンを、いちばん重視してしまう。しかし、生態学的な現象と付き合う際には、読み書きソロバンの能力だけではとても太刀打ちできません。私の理屈でいえば、採集狩猟民的な関心を持って足もとの地べたと付き合っていないと、出てこない感覚がある。

養老　読み書きソロバンは、基本的に経済の論理です。たとえば農耕は種まきから収穫までを見渡して、どんな時期にどうやって水をやり、途中でイナゴが出るからそういうときはこうやってと、きちんと設定しておく。柳の下に去年いた泥鰌《どじょう》が今年もいるとは限らないから、いろいろなことを考えておかないと成り立たないわけですね。我々が受けてきた産業社会の教育には基本的に農耕型のところがあって、つまり物事は論理的に動くという前提でやってきた。

でも、最近はたとえば歴史学をやっている若い人たちの中に、歴史を偶然の集積として書こうという人が出てきました。従来は、戦争に至る経緯を記述するなら、因果関係に沿って書いていけばそれですんでいたわけですが、最近では、ある一定の内発的なエネルギーに基づいて事件を並べ、それに後から解釈を施すという形で書かないと、誰も読んでくれない。さまざまな事件をぶつけてみたら、結果的にこうなってしまったというほうが説得力があるということです。でも、歴史なんて実際にそんなものでしょう。失恋して途方に暮れていたら、たまたま彼女に再会してよりを戻した。再会しなければ何も起こらなかったというのが歴史であり、歴史学の結果なんです。

だから岸さんがおっしゃったように、生態学も偶然の集積なのです。遡っていくと、でたらめな変異のようなものに出喰わして、それを因果や論理でねじまげずに記述するのがほんとうの生態学。だから、学問の中でいちばん身も蓋もないところがあるのです。それを無視して合理的に説明しようとか、解決策を見つけましょうなどと考えると、みんなの間におかしな共通了解をひねり出すしかなくなってしまう。結局、すべてがそうなんですよ。今は社会全体が非常に硬くなっていって、たとえばパンデミックまで、ひねり出した因果関係で抑え込もうと躍起になっているけれど。

これ、僕はまずいと思います。物事を因果の蓄積と見ないで、バラバラの事件のぶつかり合いとして見ていく。みんながそういう見方をしないと、この世界、もっと硬直していきますね。政治にしたって、予め結果のわかる筋書きで読むような選挙をしても、意味がないじゃないですか。

岸　生態学はそのへんのことをしっかり考えるようになってきましたね。

養老　前から何度もいっていることですが、「ああすればこうなる」という考え方は、まさに自然を知らない都会の人の発想です。その意味でも、流域思考は大切ですね。

第4章
日本人の流域思考

高地より平野のほうが不安定

養老　本書は河川の流域について考える本です。そこで、今日は河川行政に実際に取り組んでこられた竹村公太郎さん（元国土交通省河川局長）にもお越しいただきました。

竹村　私が専門にしている河川管理は、管理というぐらいですから、もともとコントロールしようという前提でできています。人間の都合に合わせて自然を学ぼうという無茶なチャレンジをしています。

養老　河川管理の現場でたたき上げられた役人は、国有林や土砂の管理などで苦労していますから、現場の事情に非常に詳しいですね。この道路は一回の台風で崩れるということをよく知っているから、台風がくれば、基本的に現場に出ていって、実際に水がどうなっているかということを見て考える。

岸　都市河川には、開発でそこだけ水の道を残しておきましたというパターンが多い。川に水の集まる「流域」という広がりで水を管理するのではなく、道路のようなイメージで川という帯に注目し、これを管理して洪水を抑え込もうという思考が基本になっている。横浜市では最近、河川の管理が道路局に統合されました。河川部局の良い影響をうけて、道路も、流域で考えるという方向が開かれるのなら大歓迎ですが……。川の管理が道路管理にさらに近づいてしまうのは困りますね。

養老　山腹に道路を切ったら、必ず水の流れに何度もぶつかります。だから、インドなどでは出水によって崩れるたびに、もう一度山側に道路をつくっています。日本の専門家を連れていって、何とかできないかと思う。

とくにヒマラヤ山脈の、登りはじめ一〇分の一が大変です。平地に近いから大量の雨が集まるでしょう。上で降った水は当然下にきますから。だから、ヒマラヤ山脈の災害は、標高が上がって二〇〇〇メートルぐらいまで来たら、相当な雨が降っても問題ない。ふつうは下のほうが暖かいし住みやすいと思うでしょうが、平地は不安定なんです。ヒルはいるし、マラリアがあるし、そういう所に人は住めません。だったら、カツカツに乾いて冬は寒いけど、二五〇〇メートルの所に住んだほうがよほどいい。

竹村　日本でいうと、軽井沢に住むようなものですね。稲作は段々畑から始められたのでしょうね。水が上から流れてくるのを利用していた。ところが次第に大規模な稲作をするために沖積平野に出ていった。沖積平野は栄養たっぷりの土地だったが水はけが悪かった。だから洪水のときは総動員で洪水を防ぐことになったのです。

養老　四国の人なんて、仕方がなくて山奥で暮らしました。考えてみると、平家の落人部落《おちうど》がそうです。落人部落があんなにあったら、平家には相当人数が残っていたことになるけれど（笑）。

竹村　むしろ、そちらのほうが日本人にとっての原風景でしょうね。低平地の沖積平野に下っていって、その湿地で胸まで浸かって田植えをしていました。日本の沖積平野で田圃をつくるのは、治水上も水を利用する上でも、かなりの腕力を必要としたのです。

岸　田圃が本格的に平野に出たのは北条氏の頃からでしょう。鎌倉時代の土着豪族の田圃は丘陵地を刻む小さな谷（谷戸）の中に限定されている。

養老　先日、四国の大川村に行き、地元の人に山の畑の話を聞きました。戦時中に食料を増産するので、まず裏山で焼畑をやる。そこに粟《あわ》や稗《ひえ》をつくった。その次に肥料を兼ねて大豆を植える。その過程でたまたま杉に補助金が出るようになって、段々畑に杉を植えはじめました。そうすると、杉の苗木が育つまでの間は、畑として使える。ですから畑として保存して杉は大きく育ったら売り飛ばすつもりだった。ところが、肥料がよくなって米が大量に取れるようになったので畑がいらなくなり、放置された畑が全部杉林になったんです。

あれだけ険しい山の斜面になぜ木を植えたのかと思ったら、そういういきさつだった。元は畑だったんですよ。その前には焼いていたんです、険しい斜面をいちいち切って。

岸　焼いたら山から豊かな土が流出して、いい田圃になったというわけですね。

最初に日本人の流域概念が壊されたのは明治五年

竹村　養老さんがインドの話をなさいましたが、あの道路のつくり方は無茶です。やはり流域を越える作業ですから。流域を強引に越える作業は無理をした行為なんです。

江戸幕府が世界に冠たる封建制度を構築できたのは、江戸幕府が各藩を流域単位で上手に抑えたからです。戦国時代の戦いは流域を越えた戦いで膨張的だった。ところが、江戸幕府という超越的な権力が確立されて、各藩は変なことをすると取りつぶされてしまう危険性があったわけです。そのため大名たちは、いわれた通りの流域を単位にした土地に留《とど》まるようになった。

江戸時代には不思議なことに土地争いがほとんどありません。これは、おそらくどんなに開発しても、どんなに干拓しても、隣の藩と競合しないように上手に地形で分けられたからでしょう。その地形の分け方は流域の地形にそっていたのです。だからこそ、地方の権力が地形に封じられ、見事な封建時代が成り立ったんだと思います。

ところが、近代になってその流域単位の地形の住み方をぶっ壊した。私は、壊したのは戦後ではなく、明治五年の蒸気機関車だと思っています。確か新橋―横浜間が一時間。つまり、鶴見川と多摩川を一分もかからずに渡ってしまう。あそこで人間の能力が従来のコミュニティの境界を越えたんですね。あれが流域を壊してきた歴史の最初のシンボルじゃないでしょうか。

最初、大久保利通ら政府責任者たちは費用がかかり過ぎるので、懸命になって蒸気機関車に反対したんです。でも新橋―横浜間で蒸気機関車が走るのを見た瞬間に、「これだ」と思った。これで地形にはりついた封建の地方権力をつぶして廃藩置県ができると考えたわけです。そして地形の境界を乗り越える鉄道で日本列島を結びつけて中央集権国家を構築する。だからそれ以降、国は鉄道建設に全力を挙げていく。あの時代は鉄道が著《いちじる》しい勢いで進展しました。流域という概念をつぶした近代のスタートは鉄道にあったのです。

養老　林業を企業化し、産業として成り立たせようということが考慮に入ってきた瞬間から、鉄道や道路に目が向く。社会的なことに金を出すときはいつも同じですね。しかし、そのようなシステムをつくり上げると、そのシステムからはずれたものは見落とされてしまいます。

一例を挙げます。ラオスに行ったときに、ある人に頼まれました。ラオスでは農業が大変な状況なので、日本のいろんな所に眠っている古い耕運機を何とかしてもらえませんかと……。確かに日本ではいろいろなものが使われずに遊んでいます。だけど、それを誰が港まで持ってきてくれるのか。彼は持ってきてくれたら何とかしますと言っていましたが、残念ながらそれを可能にするシステムが日本にはないし、さもなければ金を払わないといけない。システム化が進んだところでは、システムからはずれたものは、価値があっても使えなくなるのです。

岸　産業文明とは何かと学生に話をするたびに、大量のエネルギーを使って同じものを大量につくって値段をつけ、買ってくれる所にはどこにでも運んでいこうとするシステムだと説明することにしています。そういう考えが世界大で広がってもう二百数十年になる。でもそれが今の地球環境危機の根本にある。地球をつくり上げる個々の地域（＝流域）の制約や可能性、つまりは大地の個性をていねいに扱えない方式、思考だからです。

だから、科学も技術も捨てたくないのなら、では、どの分野ではどのような形で足もとの閉鎖的な地域に収めていくかということを、地域・流域に即して総合的に考え直す仕事が必要になりますね。そのときに納得してくれますかと頼んでみんなが嫌だといったら、話は始まりません。「家族と家で」と答える市民ばかりでは、流域的な合意形成は難しい。

竹村　岸さんがおっしゃった「どこにでも運んでいく」というのは近代文明のキーワードです。近代とはものを移動させる時代でした。ポスト近代すなわち持続可能性とは、私はなるべく動かないことだと思います。ただ、交流はしないといけない。交流しないで孤立したら都市も地方も人も生物種も衰退していつかは絶えてしまいますから。流域を考えるのなら、ここは大事なポイントになる。

養老さんが物流のシステムについて話されましたが、江戸時代は水が物流の立役者でした。川に投げ込んで運び、さらに海で運んで、水を利用してきた。それが蒸気機関の発明で熱がエネルギーになるとわかった途端に、流域という概念を飛び越えて、休まず動き回って膨張する時代になったということでしょう。

ところが今では、エネルギーの逼迫という問題が年々リアルになっている。ですから、岸さんがずっといわれてきた「流域が大事」という考え方が、これからもっと具体的な展開を見せると思うんです。過剰に動き回らずに足もとの地域でどうやって自立していくかという問題と、情報と知の交流はしなければならない問題をどうするかということですね。

アメリカの流域思考

竹村　世界に眼を向けると、流域の概念を持っている国民は、日本人くらいのものではないでしょうか。ヨーロッパ人は流域で土地を区分していますが、流域思考を持っているとはいえないと思います。

岸　行政区画上は存在しても、市民の意識の中にはないですね。しかし、アメリカの西海岸では、流域をシャープに捉えてきた伝統もあるかなと思います。乾燥地帯のオレゴンやワシントン、カリフォルニア、あのあたりには土地管理や都市の計画に当たって流域の概念がかなり明確に入ってくる。

面白いのは、流域を英語でいうとしたらbasinでしょう。でも、今のアメリカ人はwatershedというのです。これは本来は誤用です。watershedとは分水界という意味ですから、もしwatershedという言葉を使って流域を表現するとbasin surrounded by watershedになるはずです。イギリス英語では実際にそう表現するんですね。しかし、アメリカはそれとまったく同じ意味で、七〇年代ぐらいからwatershedといいはじめました。

これは一種の流行り言葉だといえます。実は、watershedには転換点という意味もあります。

watershed of welfare は「福祉の大転換」だし、政局は watershed of politics で通じるはず。それで、分水界の転換点ということで、流域とくっついた。ウォーターシェッドって格好いいわけです。何か時代を変えるぞという雰囲気がある。

七〇年代以降、特に九〇年代前半の半ば、アメリカでは流域活動が盛んに行なわれています。ジョン・ウェズリー・パウエルというアメリカ地質調査所の第二代所長は、西部の州を流域に沿って区切った地図をつくりました。今でもアメリカの流域原理主義者たちにとっては、彼は神さまのような存在です。そういう人たちの思考を英語でしばしばウォーターシェッドシンキングといいます。私はそれを知らずに、勝手に流域思考といっていたのですが。

竹村　アメリカではどうして西海岸だったのでしょうか。

岸　西部劇を見るとよくわかりますが、乾燥地帯ですから水問題が常に重要だったということでしょうか。

流域思考は西高東低

養老　つい先日、京都で開かれた林業にかんする会議に出席したのですが、その会議の名前の頭に「高瀬川流域」という言葉がついていました。

岸　いいですね。どんどんそうなってくれるといい。

養老　京都大学には先ほど述べた森里海連環学がありますし、京都はけっこう敏感に反応しているようです。京都のみならず、西日本は東日本に比べて流域思考が根強いような気がする。東京はこういうセンスは弱いんじゃないですか。

竹村　東京自体がわれわれの身の丈を越えた規模ですからね。小網代になぜ人気があるかというと、首都圏にとっての日本庭園みたいなものだからです。サイズとしても頃合いですし、みんなで庭園を大事にしているという感覚があるんじゃないでしょうか。

養老　やはり利根川が大き過ぎるということじゃないですか。流域といわれても、何か茫漠《ぼうばく》として、イメージが具体的な形を結ばないんじゃないかな。

岸　流域は入り組んでいますから、たとえば利根川支流の渡良瀬川といった区分をつくればいいと思いますが、東日本はそういう設定が苦手なのかもしれないな。

養老　保水率の比較などを見ても、どうやら西のほうが流域意識が強そうですね。

竹村　西日本ではアイデンティティを形づくる要素の一つに「川」がありますものね。東日本に比べて西日本は流域が小さいですから。小さな流域の西日本は流域の森林エネルギーを喰いつぶしたあと、東の広大な流域の森林を求めてきたのではないかと思います。

養老　やはり流域思考は西高東低ですか。京大のフィールド科学教育研究センターのセンター長をつとめている白山義久さんは東大の出身者ですね。みんな京都へ集まっている。やはり、西の人は伝統的に流域で生きているんじゃないかなと思います。わりあい流域性が強いんだと思いますね。

竹村　琵琶湖とか、淀川とか、大和川とか流域のイメージが強いですね。

養老　そうそう。それに、四国の吉野川や高知の湊川や物部《ものべ》川も流域単位ですからね。とくに林業の場合は流すでしょう。僕は鉄砲という言葉を最近はじめて覚えたんだけど、吉野の杉を流すときに、上に堰《せき》をつくって貯めておくんです。そしてあるときに堰を開けて、ドーンと流す。それを鉄砲と呼ぶらしいです。

岸　そのとき、筏《いかだ》に人が乗っかっているんですね。ただ木だけを流すわけじゃない。そこがすごい。

養老　軽業みたいなもので、観光資源にできますよ。

なぜ日本にはお祭りが多いのか

竹村　日本には非常に多くの流域があり、多様性に富んだ文化が育ちました。日本になぜこれ程お祭りが多いのかというと、流域ごとにコミュニティがあるからではないでしょうか。日本では流域が違うと違う国ですから。そして、自分たちを別の流域に住む〝異人〟と区別するために、お祭りで流域のアイデンティティを守ってきたのではないでしょうか。

岸　町田の多摩丘陵域などでは谷戸ごとに文化が違いますからね。どんど焼きも谷戸ごとに行っていたはずです。三浦ではそれが浦？　たぶん浦ごとに文化の色あいも違うはず。

竹村　日本人には流域に根ざしたしぶとさというか、意外な多様性があるんですよね。だから、ヨーロッパ人のような画一的なやり方にはどうもなじまない。西の人は東の人より流域に根ざして生きているという話がありましたが、西は東に比べて多様性が豊かなんですかね。関東一円とはいうけど関西一円とはいわないですから。

岸　利根川、荒川水系を中心とする関東域は、人間が自然をいじり過ぎています。東京の低地なんか、水系の配置などもわけがわかりません。

養老　利根川の河口は本来東京湾にあったのに、家康が銚子に持っていっちゃったんだもの。そもそも無茶苦茶なんですよ。

岸　東京は流域がしょっちゅう変わっていて特定しづらくなっていますが、秩父《ちちぶ》などの北関東はそれほどでもないのかもしれない。私の暮らしている多摩三浦丘陵域は、人口密集地ではありますが、基本が丘陵地だから中小の流域構造がまだとっても明確です。八王子から三浦にいたるこの領域は、丘陵地にきざまれた小さな流域（谷戸）の巨大な集合体みたいなものなんですね。先ほどの議論に沿っていえば、このあたりには、関東というよりも、関西的な流域性があるのかもしれません。

養老　うん、それはあると思う。

とにかく、日本人は川沿いに暮らすのがいちばん楽だったはずです。日本の山は傾斜が激しいですからね。頼朝の鎌倉幕府も、滑川のケチな流域に開かれたといえます。

岸　あれで新しい国家をつくろうとしたのだから、とんでもない話です。

竹村　それを支えたのは三浦半島の三浦一族と、房総半島の千葉一族でしょう。彼らも小さな沢沿いに暮らしていて、いつも海に出ていた連中です。

岸　私の今の自宅があるのは町田の小山田という所ですが、実は頼朝を支えた陸の御家人のトップは当地にいた小山田有重なんです。軍馬を養成して、大変広い領土を預かっていました。保土ヶ谷、八王子、川崎あたりまで小山田氏の縄張りでした。古くからの土地の人は、自分たちの先祖が鎌倉幕府を支えたと思っています。南北朝のときに南朝の新田義貞側についちゃったので、おそれおおいということで発言しないということもあるようです。鎌倉幕府をつくったのは、海の一族だけではありません。丘陵の谷戸の一族もいた。
頼朝は相模川で落馬して亡くなります。稲毛三郎という、生田《いくた》（川崎市）の領主のかみさんを弔うためにつくった橋の落成式に行って落馬してしまうのですが、その稲毛三郎の兄が小山田です。稲毛三郎は小山田の一族なんです。

虫の分布も流域の影響を受けている

養老　僕が今興味を持っている流域は吉野川です。あそこは、流域のことを考えたら、めちゃくちゃに変な川でしょう。

岸　四国山地を真横に通っていますからね。

養老　真横を通った上に、自動車教習所にあるようなクランクが二つあり、しかもほぼ直角に曲がって、四国山地のいわゆる中央構造線をぶった切っている。その縦に切っている所が、大歩危《おおぼけ》小歩危《こぼけ》の難所です。こんな川が自然にできたというのは、すごくおかしい。僕は今の四国はかつて東西に離れていた二つの島がくっついて一つになったものなのではないかと思っていますが……。
だから、四国の虫は東西で見事に特徴が分かれています。でも、地質学のほうからは、そういう話は出てきません。何か理由があるんだろうと思いますが、不勉強なのでよくわからない。

岸　よく見ると、そういう変な川はいっぱいあるんですよ。直角に曲がっているとか、切れるはずのない所が切れているとか……。

養老　かつて、何か地形上の大きな変化が起こったからなのでしょうね。

吉野川の先に本川村《ほんがわ》（現・いの町）という村があります。以前、本川村の虫のデータを見ていたら、入っているはずのないものが入っていて、不思議に思ったことがありました。虫のデータは間違っていることがありますから、自分で確かめに行ったのです。結局データは間違っていなかったことがわかったのですが、そのときに四国における虫の分布の違いを目《ま》の当たりにしました。

山に入ってしばらく歩き、石鎚《いしづち》の林道に出ると、虫の分布が変わったのです。つまり、吉野川をずっと遡ると、石鎚の林道にぶつかるあたりで、東部の分布から西部の分布に変わるのです。吉野川を遡ってきた虫と、石鎚山脈から下りてきた虫がそこでぶつかっていることがわかりました。

岸　分水界から下向きの雨による流水が生じるわけで、自在に飛び回るのではないような生きものの移動もそれに則っていますね。砂が下から上にいかないのと同じですね。

養老　西部の虫が吉野川流域に向かって落ちてきて、東部の虫とぶつかることがよくわかりましたね。

去年、一昨年は仁淀《によど》川水系を訪れたのですが、奥へ遡ってもずっと西部の分布のままでした。仁淀川と吉野川は、生態系のあり方が完全に分かれていますね。

以前は流域をあまり気にしてなかったんですよ。正直にいうと、虫の分布が川と関係しているわけがないだろうと思っていました。でも、どうもやっぱり流域を考えに入れないといけないなと最近は思っています。

そして、とにかく歩かないと地形は把握できませんね。本当に自分の身につくまで一年ぐらいかかります。僕がよく行く箱根山は、二重火山ですから特にわかりづらい。どっちを向いても山があって、しかも外輪山がよく似ていますから。

岸　尾根沿いだと、道があるんですか。

養老　あります。でも山の中に入っちゃうと、外輪山でふさがれて遠くが見えないから、見通しがきかないんですよ。その中で、中央火口丘の縁を歩いていると、本当にわからなくなってきます。「ここから来たのに、何でここへ出てくるんだろう」としょっちゅう首を傾げていました。今は、富士山が見えたらそっちが西だとわかるようになりましたけれども。

十万年のスパンで考えよ

養老　もう一つ、最近ある地図をみて気付いたことがあります。ある会議で、京大の地震学者の尾池和夫さんの話を聞いたのですが、一枚面白いスライドがありました。一九〇〇年から二〇〇八年までの世界の地震分布をあらわしたもので、アジアのプレート境界がものの見事に浮かび上がっているのです。考えてみれば当たり前の話ですが。日本列島から台湾を通るラインと、インドシナ半島からマレー半島を通るラインが、インドネシアへ抜けるんです。そして、これが僕が虫を採っている場所に重なるんです。

要するに、地形がしょっちゅう変化するでしょう。その度に自然が変化して、虫に進化の圧力がかかるのです。環境が変化するから、虫もそれに合わせて変わっていくわけです。だからその辺りの虫がいちばん面白い。数万年、数十万年のスパンでの話ですけども。

岸　小網代や鶴見川を理解する場合にも、氷河期の十万年というスパンで考えないと、今何が起こっているかを正確に把握することはできません。温暖化の危機が叫ばれていますが、氷河期のリズムからいうと、今から六千五百年ぐらい前にすでに暖かさの頂点を通り過ぎて

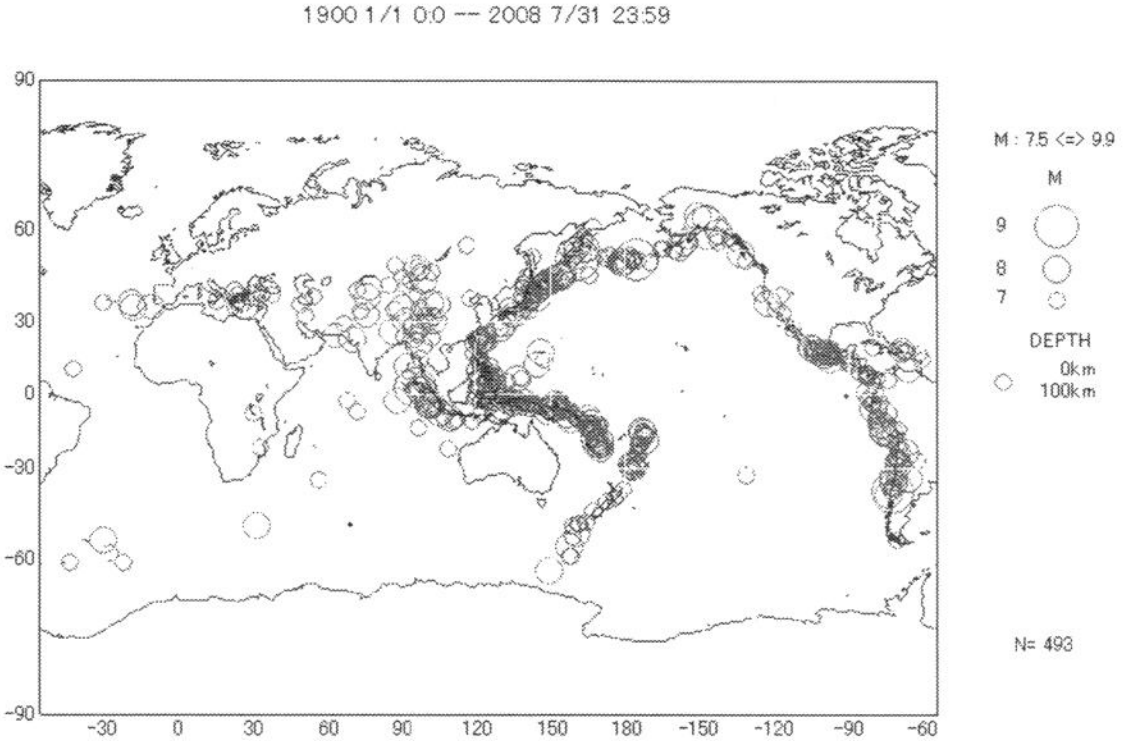

世界の地震分布
（尾池和夫氏の講演より）

いますから、今はむしろ寒冷期に入っているのです。あと八万年もすればもう一回大氷河期が来るという推定もあるくらいです。今はその少し寒くなっているところに、おたんこぶを上乗せするような温暖化が起こっているというわけですね。

竹村　河川の仕事をしていると、四百年前の江戸は、ついこの前のときです。そして、それどころか、沖積平野が誕生する六千年前の海面が五メートル高かった縄文海進もしばしば話題にのぼります。

今日の話題も何万年何十万年の時間軸です。世の中は一年先、半年先、四半期先の話題ばかりです。私たち三人は浮き世離れしていますね。

第5章
流域思考が世界を救う

鶴見川流域の防災・環境保全の活動に奔走する

岸　小網代の活動を始めた八四年の翌年に引っ越しをすることになって、河口の鶴見の町から、鶴見川の源流がある町田の団地に移りました。海沿いの金沢のほうに行きたかったのですが高くて駄目だった。でも越してみたら、子どもの頃に鶴見の谷戸の水辺や雑木林で遊び回っていた頃の姿が、そのままの形で残っていました。アブラハヤやオオムラサキといった希少種がそのまま残っていたのです。

しかし大開発により、鶴見川源流域の広大な生態系がどんどん崩されていく危険性がありました。「自分たちでできることはないか」と思って、流域仲間がつながって、九一年に鶴見川流域ネットワーキング（TRネット：設立当初は一三団体だったが、二〇〇九年夏現在、四一の団体が連携している）という市民団体の連合体ができました。鶴見川は洪水、汚染、ゴミの川といわれていました。でもその川が私にとってはふるさとの川。その流域が私にとっての足もとの地球ですね。治水のことも、汚染のことも、ゴミのことも、もちろん自然の保全のことも全部ひっくるめて、流域という枠組みで地球環境危機の時代の都市の再生をここですすめようという志でつながったネットワークですね。

イベントや各種の文化的な活動でスタートしましたが、行政との連携などもすすみ、いろいろなことに取り組むことになりました。ある意味でやりやすいといいますか、誰かが考えてなんとかしないといけないだろうという問題が二、三あって、まずそれに取り組む必要がありました。

一つは、鶴見川は関連する行政区画が複雑で、筋の通った河川管理・流域管理が大変に難しいという問題です。鶴見川を行政区で分割すると、源流域は東京都の町田市、上中下流域は全部神奈川県、ここには川崎市と横浜市のほかに、稲城市が少し入っています。川崎や横浜は区の制度をしいているので、横浜で六個、川崎で五個の区が入ってきていて、それぞれが発言し、しかも下流の直轄区間の管理者として、また水系・流域全体の調整役として国土交通省、当時の建設省がかかわっている。これらをどうやって市民にも見える形で実質的につなぎ、総合治水や流域の環境保全をすすめていくかが問題でした。

河川の管理がそんなに複雑なものだということを、一般の人は知りません。ときには一級河川は国土交通省の管轄だから、東京都や神奈川県が加わるのは二重行政だという人もいる。実際は二重ではなく分割しているわけですが、そこが理解されない。直轄と指定管理区に分かれているということがわかっていない人が多いですね。テレビなどで発言している人たちがはたしてどこまでわかっているかどうかも怪しい。

こういうものを整理していくのは行政だけでは無理で、市民団体がやるしかないと思ったのが第一です。

関連行政の複雑さに加えて都市化に絡む治水の難しさの問題があります。今から五十年前は、鶴見川流域は市街地が一〇％程度で、私もそこに暮らしていたわけですが、市街地以外は「まんが日本昔ばなし」の世界のようでした。

しかし、一九六〇年代から激しい市街化が始まり、一九七五年には六〇％ほどが市街地になりました。現在は八五％以上が市街地化しています。市街地率が上がると大雨のときに緑の領域が水を吸収する保水力と、増水したときに田圃などが受けてくれる遊水量が激減し、洪水が頻発するようになりました。同じ規模の雨が降ったときにある地点で流量を取ってグラフにしますと、昔はゆっくり高くなってその後フラットになったのに、今は一気に上がって、一気に落ちる。積分すると、流量は以前の倍になっています。同じ土手の高さで同じ量の雨が降っても、限界を越えてしまう。

これが鶴見川の水害の特徴で、一九六六年の台風のときはかなりの危機でした。それでこの常習的な氾濫から逃げ出したいとみんな思っていました。特に下流の港北区、鶴見区、それから川崎市の幸区がそうです。

六六年の梅雨の台風は、一九五八年の狩野《かの》川台風より二日間雨量は四〇ミリぐらい少なかったんですけど、水害の程度は同じくらいで、かなりの死者が出た。私の家も水没し、家財道具は何も持ち出せませんでした。いま思い出しても鳥肌の立つこわい水害でしたね。

鶴見川では一九五八年から八二年まで、この手の氾濫が続きました。八二年以降は一応止まっています。流域と河川の施設を応用した治水対策が必要だということで、鶴見川流域は、一九八〇年に全国に先駆けて「総合治水対策の流域」になったわけです。具体的にいいますと、河川法と下水道法で対応する河川や下水道での治水対応に加えて、行政が流域で対応する保水地域というのを決めて、市街化調整区域を解除しないでくれという要請をしたり、田圃などの遊水地域に盛土をしないでほしいとか、保水地域を中心に宅地開発時にたくさんの雨水調整池をつくってもらえるように要請したりとか、「川」ではなく、流域全体で治水ができるよう努力をすすめたんですね。

遊水池の必要性

養老　今はうまくできているんですか。

岸　国土交通省と自治体の流域連携で、治水はかなり進んだと思います。たとえば鶴見川源流の一〇〇〇ヘクタール規模の町田の市街化調整区域では、開発計画にあたって保水能力にも配慮した慎重な検討が重ねられ、現状ではなお、巨大な緑が残されています。

町に降った雨をいったん貯留する雨水調整池は、今、流域に三三〇〇あるといわれています。大きいものは一ヘクタールぐらいあって、誰が見たって自然の池ですけど、実は治水のためにつくったものです。一ヘクタール開発すると、平均で五〇〇トンくらいの水を貯める調整池が一個必要になると思うのですが、これを法制化しようと、二〇〇七年に特定都市河川浸水被害対策法という法律ができました。一〇〇〇平方メートル以上の開発は、流域でこういう対策をやらないといけないのです。

竹村　世の中の土地は、基本的に私有財産なので、なかなかやりにくいでしょう。公的な性格を持っている河川区域内ならやりやすいけれども。

岸　でも、頑張っていると思いますね。

もう一つの問題は、遊水対策です。有名なのは新横浜多目的遊水地。当地にはサッカーなどで使用する日産スタジアムがありますが、あれも実は面積八四ヘクタール、総貯水量三九〇万立方メートルという巨大な人工池の中に高床式でつくったのです。開設されたのが二〇〇三年ですが、二〇〇四年の台風でかなりの水が入りました。競技場の下が駐車場になっていて、雨が入ると水没して遊水池の役割を果たします。水没しているときにスタッフと見に行きましたが、見事な機能でした。

現在、新横浜の北方に港北ニュータウンがありますが、開発当時に「このままでは鶴見、港北が大水害に遭う」という反対が起きたのです。そこで遊水スペースをつくることになり、横浜市と国とで土地収用にかなりの金を使って、池を造成したのですね。今は、治水管理は国、公園利用の運営は横浜市がしています。この遊水地が計画されなければ、下流の反対で港北ニュータウンはできなかったのではないでしょうか。

一九六六年の豪雨の雨量と二〇〇四年の台風二二、二三号の雨量はほぼ同じでしたから、六六年規模の雨が来ても今はぎりぎり大丈夫だろうと推定してよいのかもしれません。二日間雨量で三〇〇ミリくらいの雨ですね。しかし、一九五八年の狩野川台風以上の台風がきたら現在でもなお大きな氾濫になるでしょうね。温暖化を加味すると、今までは五十年に一度くらいの頻度だった狩野川台風級の雨が、いずれ三十年や二十年に一度になってきますから、今の土手や遊水池ではとても足りない。これからどうするかということを、真剣に考えないといけません。

市街化が大きくすすんでしまった鶴見川の流域では、河川法に基づく川という水の帯に係わる整備だけでは間に合わず、関連行政や民間の協働でたくさんの雨水調整池を流域に配置し、巨大遊水池も工夫し、さらに源流域の大きな緑を保水の森として保全してゆくといった、流域思考の治水対策がすすめられてきたのですね。緑や調整池の保全・再生まで巻き込んだ流域視野の対策だからこそ、治水・防災だけでなく緑や水辺の保全や河川流域学習の分野にも大きな関心のある流域市民活動との連携も、しっかりすすんだということでしょう。治水や環境に関する鶴見川流域でのさまざまな実践は、都市河川流域における環境再生の領域に、たくさんの示唆を提供するものと思われます。

戦後、洪水の出水量が少なくなった理由

養老　僕の子どもの頃の記憶を辿ると、しょっちゅう川が氾濫していたように思います。非常によく水が出た。戦前はどうしてあんなに水が出たのでしょうか。現在ではあんなに水量が増えることはそうないと思うんだ。昔はよく橋が流れましたね。戦後はあまり起きていないような気がするけれど。

岸　戦前は今より木が小さかった。細い木しかありませんでしたね。

養老　それだ。それはありそうですね。

岸　森林の保水のシステムはかなり複雑ですが、渇水のときに雨が来ても、しっかりした森があると吸い込んでくれます。長雨のあとの豪雨の場合は、保水力が飽和してしまう可能性があるから、同様に期待することはもちろん難しいと思いますが。

養老　確かにそうだ。昔はこんなに木が生えてなかったでしょう。チョロチョロした松くらいしかありませんでした。国がいかに植林事業に尽力してくれたかということについては、『本質を見抜く力――環境・食料・エネルギー』に掲載された地図を見れば一目瞭然です（同書三三～三六頁参照）。

全国「汚い川ランキング」は真っ赤な嘘

岸　鶴見川の問題はもう一つありました。汚染です。

不思議なことに鶴見川は昔から汚いと思われていますが、狩野川台風ぐらいまではきれいな川でした。私は子どものときに鶴見川で遊んでいて川に落っこちて、泳がざるを得ないはめになったことが何度もありましたが、別に何の問題もなかった。

それが東京オリンピック前の六二、三年頃から始まった工業化で排出物が増え、一九七〇年ぐらいから八〇年ぐらいまではＢＯＤ（Biochemical Oxygen Demand／生物化学的酸素要求量：河川の水や工場排水中の汚染物質や有機物が、微生物によって無機化あるいはガス化されるときに必要な酸素量）が二〇ｐｐｍくらいまで上昇して、大変な汚染状態になりました。その後、一九八〇年代に入って、急に低くなる。なぜ低くなったかというと、一つは下水処理能力の向上です。もう一つは、この頃に川底を低くする大浚渫《しゅんせつ》工事が終わっているんです。下流域では海の水で希釈されるので測定値が下がる。実際きれいになっていて、いろんな魚が帰ってきています。

ところが、毎年全国の一級河川ＢＯＤ値ワーストランキングというものが発表されるのですが、二〇〇七年は一番が奈良・大阪の大和川、二番が鶴見川、三番が埼玉・東京の綾瀬川でした。この三者が毎年グルグルと交替していて、ワーストスリーといわれています。ただし、二〇〇八年は鶴見川は五位でした。

実はこのランキング、一般の市民に受け取られる内容——鶴見川の水質は全国全ての川の中で、あるいは全ての一級河川の中でワーストランクという素朴な理解——でいえば、真っ赤な嘘なのです。一級河川は全国に一万四〇〇〇本ありますが、ワーストランクのデータで比較対象されているのは一六〇から一六六本に過ぎないことです。そもそも母集団が一級河川全部ではまったくない。

さらにもっと複雑な事情もあって、通常のＢＯＤ値に合わせて厳密にいうと、鶴見川下流の水質は、現在公示されている値の半分くらいとみてよいはず。誇張していえばこれは清流に近いのです。今は臭いがあって色がついていますが、アユもたくさん遡上してきます。魚はもう清流扱いしているのかもしれないですね。臭いと色は、たぶんヒトの排泄物や下水処理場の微生物から出てくる分泌物なども絡むはずで、下水処理場の力に支えられて水質確保を続ける限り除去はなかなかむずかしいのではないか。

鶴見川で子どもたちと話していると、驚くべきことに、下水処理場の機能は町の汚い水を集めて川に捨てることだと信じている子どもがいます。大学生にもそういう人が〇～五％ほどいるし、市民にはもっといるのかもしれない。「処理をしている」というのは実は「浄化している」ということと明確に理解されていないから、下水道はまったく評価されないという状態になっているわけですね。下水処理場――最近はクリーンセンターとか、再生センターなどといいますが――の奮迅の努力によって、鶴見川に限らず都市河川の水質はしっかりきれいになっているということを知ってほしいと思います。

「水がきれいになると魚や鳥が戻ってくる」も真っ赤な嘘

岸　学生たちに、BODやCOD値（Chemical Oxygen Demand／化学的酸素要求量：水中の被酸化性物質量を、酸化するために必要な酸素量で示したもの。代表的な水質の指標の一つで、酸素消費量とも呼ぶ）と生物多様性の関係を訊くと、面白いことにほぼ同じような答をいいます。水がきれいなほど魚もたくさんいる。鳥や魚が少ないのは、川の水が汚いからと思っているのです。だから川の水をきれいにして、魚や鳥を増やそうというわけですが、実はこれも、ときには大嘘なのです。

鶴見川にオナガガモなどが大量に来ていたのは一九九〇年代の中頃までなのです。家庭用ディスポーザーが流行して野菜くずが大量に流れた頃は、流域中がカモだらけで、雨が降ると合流点などに多数のカモやカモメがあつまりました。最近彼らが減ったのはおいしいゴミが流れてこなくなったからと思われます。

養老　魚も同じですね。「水清くして魚棲まず」じゃないけれど、蒸留水の中に魚が棲むはずがない。でも日本人は、数値が低いほどいい水だと考えてしまうわけですね。

岸　本当にそうなんですね。ガンジス川はあんなに汚いのに、死体が流れている所でみんなが沐浴《もくよく》する。川の水に対する価値づけがまったく違う。あれはブッダのたましいがヒマラヤに帰った道だから、汚物が流れていようと死体が流れていようと、聖なる水なんです。日本人はただ汚れがない水を有難がって、きれいな川は偉いと思っている。

古事記まで遡って考えてみると、日本の神話世界では汚いものを清めるのが川の水の仕事ですね。汚れ・穢《けが》れの除去する力がいちばん高いのは何も含むもののない水ですから、それが偉いということになる。実は、そこそこに有機物などがなければ、川の生態系は生きもののすめない世界になる。魚やエビやカニの賑やかに暮らす川は、適度なＢＯＤ、ＣＯＤを示す川、言い換えれば適度に汚染度の高い川なんですね。これもすこし誇張していえば、鶴見川の今のＢＯＤ、ＣＯＤは、鶴見川に暮らす生物にとっては、もう一歩で最適値に近いと思っています。もう一歩をすすめるのに必要なのは流域対策。街や道路や農地から直《じか》に川に流入する汚れを緩和するのが、鶴見川流域の次の大仕事でしょうか。

ＴＲネットはどんな活動をしているのか

岸　話が細かいところに突っ込んでしまいましたが、本題にもどって、鶴見川流域ネットワーキング（ＴＲネット）は、誰が、何をしているのか、概要をはなしておかないといけませんね。

一九九一年にスタートしたＴＲネットは、鶴見川の治水管理にかかわる国（当時は建設省）と関連自治体（東京都、神奈川県、町田市、横浜市、川崎市）が構成する鶴見川流域総合治水対策協議会という組織が、流域思考にもとづいて推進する総合的な治水対策、汚染対策、流域視野の環境対策、流域啓発などを応援しつつ、安全・安らぎ・自然環境・福祉重視の流域文化を育ててゆこうという志で立ち上げられ推進されている任意活動です。横浜、川崎、町田の河川関連団体一三団体でスタートして、すでに十八年の歴史を積んでいます。小網代ほどではありませんが、十分に長い歴史を経てきたものです。いま参加団体は全流域で四一団体。全体として連携・鶴見川流域ネットワーキング（連携ＴＲネット）という名称の任意組織を構成しています。二〇〇三年からは事務局機能を支えるＮＰＯ法人が、特定非営利活動法人鶴見川流域ネットワーキング（ｎｐｏＴＲネット）という組織として独立し、流域全体の活動の支援・調整をすすめています。両団体ともゆきがかりにより、私が代表をつとめています。

連携ＴＲネットの参加団体は、基本的にはそれぞれ独立した団体で、中心的な活動団体は川辺や緑地に持ち場があり、定例的な日常活動をつづけています。それらの活動の地域的な連携、あるいは流域全体としての連携が、TRネットの活動ということになりますね。活動はあまりに多様なのでここで簡単に紹介するのは無理ですが、拠点ごとの環境管理活動、調査、子どもや市民を対象とした水辺活動支援、治水・防災啓発などを軸とした流域対策の啓発支援など、行政とも連携した多様多彩な活動・イベントなどをこなしています。源流域、上流域、中流域、下流域で実施される恒例の大規模な交流イベントや、流域あげてのクリーンアップ作戦、さらには流域ツーリズムの多様な推進なども有名ですね。

二〇〇四年夏、鶴見川の総合治水対策は、総合治水の環境保全機能を強化しつつ汚染、緑の保全、地震防災、流域文化育成などの新たな流域課題を統合した鶴見川流域水マスタープラン（水マス）という、流域統合計画あるいは流域アジェンダのような流域ビジョンとして再編成されました。これにともない、従来の総合治水対策協議会は、稲城市も参加するかたちで、鶴見川流域水協議会という名称で再出発しています。

TRネットの活動も、二〇〇四年以降は、鶴見川流域水協議会と連携して水マスタープランを推進する流域ネットワーキング活動という形になりました。そもそもTRネットは、治水を軸として、環境保全、汚染の問題、地域文化育成、子どもたちの環境教育などを多元的な課題として流域活動を推進してきましたので、総合治水から水マスタープランへの流域ビジョンの転換は、大歓迎というところです。一九九一年以来十八年の流域活動を通してTRネットが応援、実現した成果は枚挙が困難なくらいですが、東京・神奈川にまたがるこの流域に、流域という枠組で防災、環境、文化、教育などを総合的に語ることのできる流域学習コミュニティーを育成できてきたことが、何よりの大成果かと考えています。

鶴見川の流域の外形がマレーバクに似ているというので、「鶴見川流域はバクの形」という標語とバクの流域図がいま流域全域に広がっています。いずれもTRネットの活動の中からうまれ、広く市民団体や行政、さらには企業などにも共有されはじめている流域の象徴ですね。

これまでの成果をふまえ、さらなる流域文化の育成をめざして、今あらためて流域市民に「流域デビュー」を促してゆく活動を工夫しているところです。

こんなふうにいうとどんなにすごいネットワークかと思われてしまいそうですが、流域活動運動のメンバーは広く数えて一五〇〇人前後。流域人口は一八〇万人ですから一万人に一人くらいのものですね。中心のスタッフはさらにその一〇分の一ぐらいですから、一〇万人に一人。とはいえ私たちの考えでは、すべての市民に流域活動に積極的に参加していただく必要などはさらさらなく、中心メンバーが一〇〇、二〇〇人になれば十分ということかもしれ

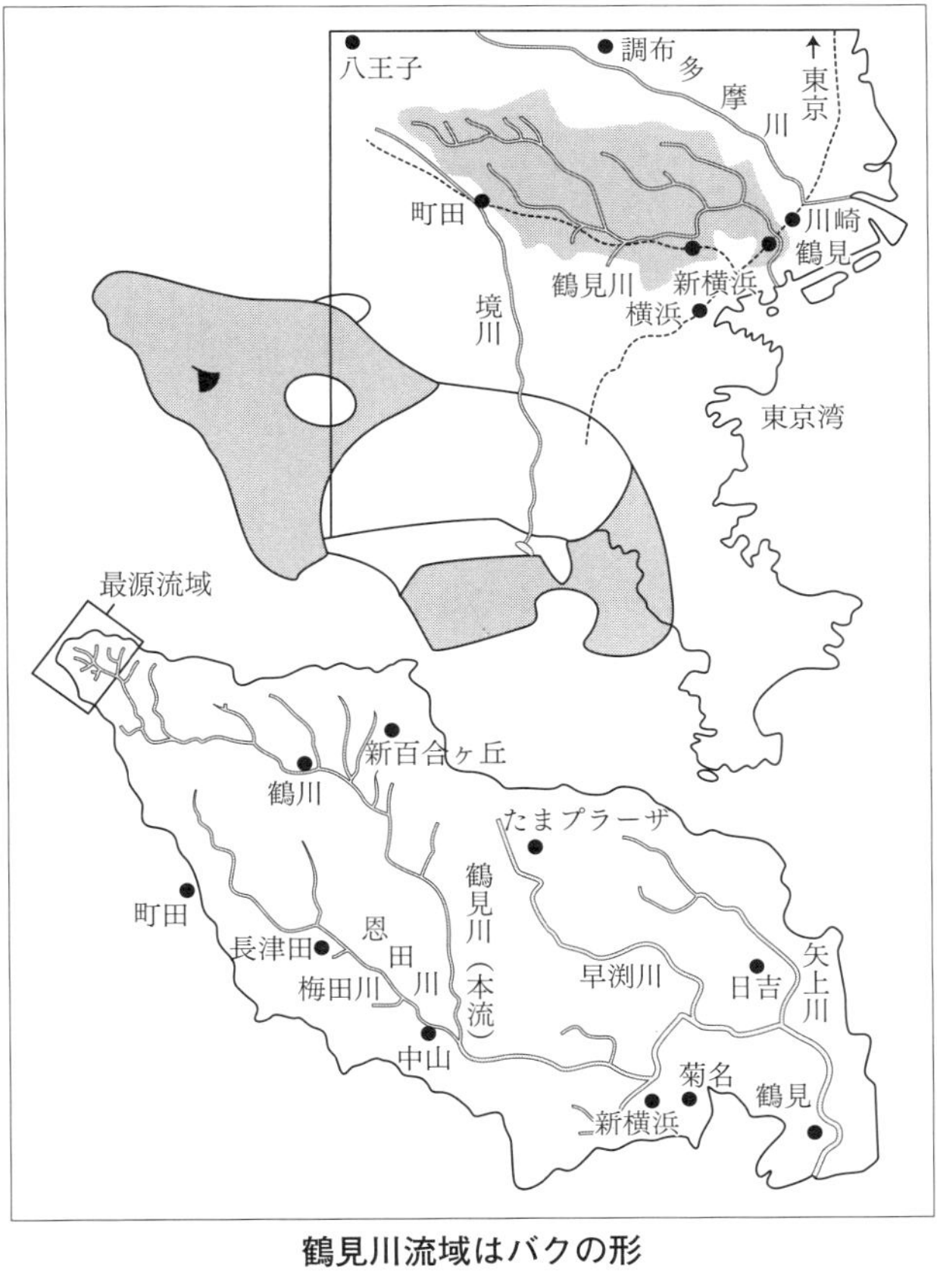

八王子
調布
多摩川
↑東京
町田
川崎
鶴見
鶴見川
新横浜
横浜
境川
東京湾
最源流域
新百合ヶ丘
鶴川
たまプラーザ
鶴見川（本流）
町田
恩田川
長津田
梅田川
早渕川
日吉
矢上川
中山
菊名
新横浜
鶴見

鶴見川流域はバクの形

ません。たとえば一〇〇〇人に一人の人が流域活動のリーダーを始めたら一八〇〇〇人。多すぎますね。今は二〇～三〇人ぐらいでやっていますが、これが一〇〇人規模になればそれで十分かもしれません。

イベントは、「どうしてそんなにやるのか」と不思議に思われるぐらい、いろんなことをやります。川と流域のファンを育てたいからです。年を重ねて活動の焦点となってきているのは、子どもたちの野外学習・河川流域学習支援です。行政とも連携して、水辺や森に子どもたちが自然と触れ合うことを通して環境問題を学ぶ拠点を開き、日常的な管理もすすめ、実際に子どもたちの学習の支援をします。大規模な支援は、npoTRネットが担当するのが普通で、二〇〇七年度はNPO法人だけで、のべ四〇〇〇人くらいの子どもたちのお世話をした実績があります。自然学習のツールとして自然のガイドブックをつくったり、大人にも子どもにも流域の大地を探検する喜びを知ってもらいたくてスタンプラリーや流域ツーリズム推進のマップなども制作・頒布《はんぷ》しています。

一人の力ではとうてい実行できることではありませんが、鶴見川流域で自然と共存する町をつくろうという人たちが集まり、人生を賭けてやれば、かならずや流域思考の地域文化は育ってゆく。そう願って日々活動してゆけば、いずれ小網代の活動ともつながり、多摩や三浦を首都圏のグリーンベルトにする潮流などというのも、立ち上がってくるのではないかと、思っているのですね。

「イルカ丘陵」の発見

岸　ついでに、多摩三浦丘陵の話もしてしまいましょうか。

私は、一九五八年の第一次首都圏整備計画の中で策定された、第一次首都圏グリーンベルト構想がなくなったことをずっと悔しく思ってきました。戦後の首都復興を賭けて、グレーターロンドン計画を参考にして設定した計画です。マッカーサーの占領政策で土地所有者となった農民と労働運動の猛反対を受けて、発表したとたんにつぶされた。六二年か三年ぐらいに計画そのものが消え去ったはず。ある意味では、これに代わる制度として残ったのが実は近郊緑地保全区域で、この制度が二〇〇五年に小網代に適用されたのですね。

なぜ失敗したかということについてはいろんな議論がありますが、私は単純に、ランドスケープを無視した計画をそのまま都市空間に乗せたからだと思っています。まことに志高い計画だったのに、なぜか、足もとの大地のデコボコを無視した配置になっていました。

第一次首都圏グリーンベルト構想は東京・川崎・横浜を囲む大きな円弧のようなベルトと

して計画されました。その結果、南側は多摩丘陵、中央部は武蔵野台地、北部は荒川から江戸川にかけての低地に広がる形になった。多摩丘陵域はまったく開発の見通しがありませんでしたが、武蔵野台地、荒川低地方面は市街化のきわめて容易な平坦地でしたから、市街化を望む地権者は当然反対となりますね。そしてその通りになった。

私が第一次首都圏グリーンベルト構想の挫折に注目した時期は、鶴見川の河口の町から流域に転居して流域活動を構想していて、小網代の保全活動にも本格的に活動しはじめた頃でした。その二つの地域を広域地図でながめると、実は同じ丘陵ベルトの上にあるとわかってしまった。高尾山の東から八王子市、日野市、多摩市、町田市、川崎市、横浜市、鎌倉市、逗子市、横須賀市、葉山町、三浦市をのせて城ヶ島に至る全長七〇キロメートルの大丘陵地。多摩三浦丘陵とでも呼ばれるべき丘陵ベルトですね。鶴見川流域はその中央部にあって、全体の三分の一までの面積を占めていると判明しました。第一次首都圏グリーンベルト構想はこの丘陵ベルト中央部を切り取って候補地としていたのですね。西の急峻な多摩丘陵、南の三浦半島の大半は予定地から外されていたのです。

しかし首都圏の大地の必然に沿って考えれば、関東山地と太平洋をつなぐほぼ標高五〇メートルを超えるこの丘陵地こそ、実は首都圏グリーンベルトの絶好の適地だったのではないか。ランドスケープ、大地のデコボコに素直に考えれば当然そうなると思いついたのですね。思いついたが百年目。多摩三浦丘陵を首都圏の第二次グリーンベルトにしようというアピール活動を、一九八七年に始めました。

一九八七年の秋には、鶴見川の多摩流域から小網代まで六回に分けて多摩三浦丘陵を歩くイベントも、仲間と企画・実行しましたね。そして一九九三年、多摩地域が神奈川県から東京に移管されて百年を記念する東京都の大イベントの折に設立された、自然保護の研究会（湧水崖線研究会）の報告書に、「多摩三浦丘陵の緑と水の拠点をつなぎ、首都圏のネットワーク型の国立公園にしよう」という提言をまとめることができました。

それから二年後のこと。突然、多摩丘陵の地形がイルカに似ていることに気付いたのです。一九九五年の六月二十八日の朝、徹夜の原稿書きをおえて首都圏のランドサットマップをぼんやりながめていたら、鶴見川源流域を瞳として、太平洋からジャンプするイルカの姿が浮き上がった。あまりに面白かったので、それから、「多摩三浦丘陵はイルカだ、イルカだ」と言っていたら、山と溪谷社から打診があり、「イルカ丘陵というのは面白い。それで本を書きましょう」と言われました。『いるか丘陵の自然観察ガイド』というタイトルで、一九九七年、無事発行されました。ベストセラーにはなりませんでしたが、各方面に大きな影響

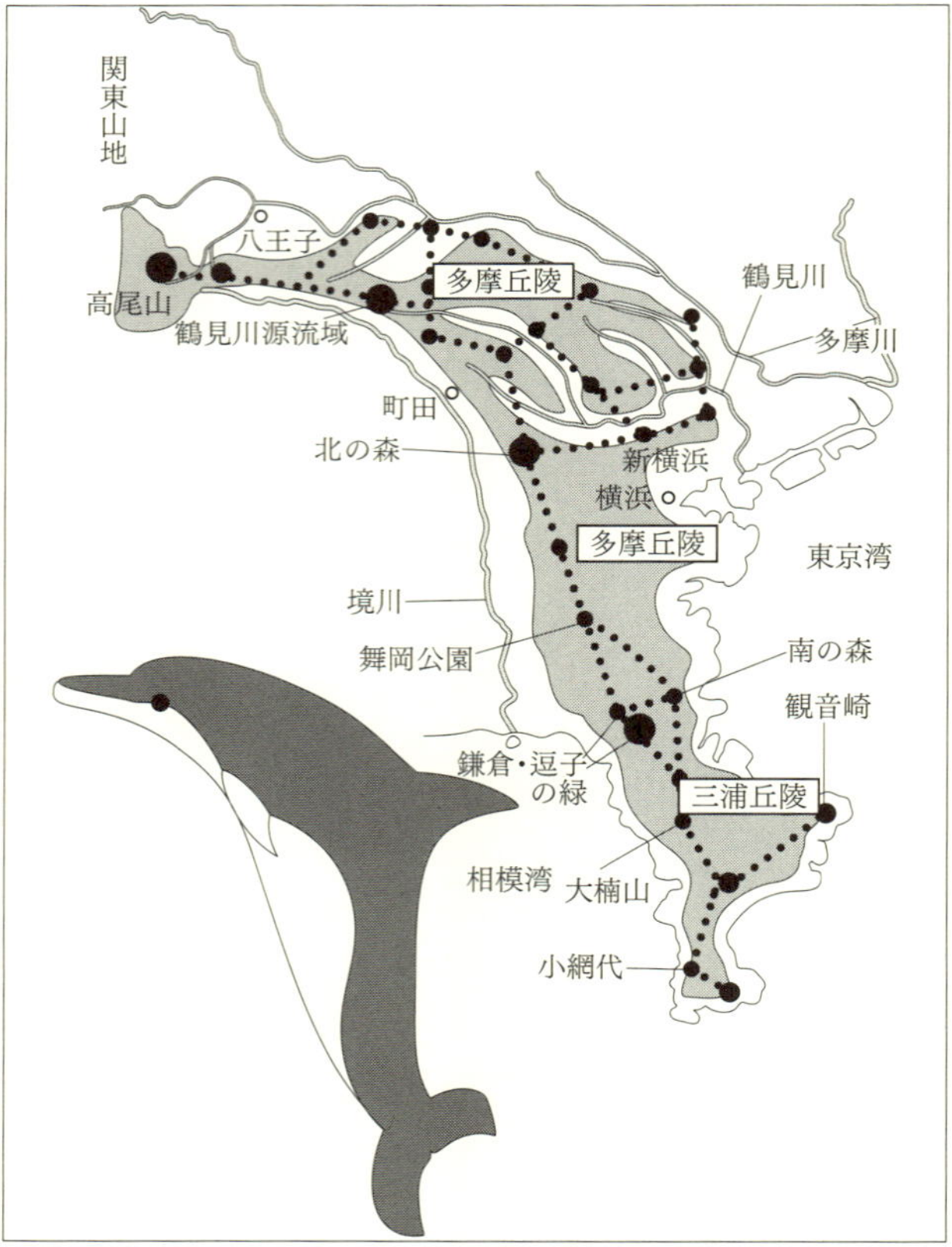

多摩三浦丘陵はイルカの形

を与えたと思います。

いま川崎市が、市長提案の形で、多摩三浦丘陵にグリーンベルトを工夫する、あるいはフットパスネットワークを工夫するという事業をすすめています。私たちのビジョンを生かしてくださったものですね。そのような動きがさらに広がってゆくことを期待しています。イルカの尻尾に位置する小網代や、イルカの胸にあって丘陵全体の三分の一を占めるバクの形の鶴見川流域で流域思考の地域活動をつづける私たちも、「多摩三浦丘陵はイルカの形」を合言葉にして、首都圏グリーンベルトを目指すさまざまな活動を続けてゆくことになりますね。

流域思考が世界を救う

岸　竹村さんが理事長をしているリバーフロント整備センターが、二〇〇六年に「日本河川・流域再生ネットワーク」（ＪＲＲＮ：Japan River Restoration Network）という団体を設立しましたが、今はどんな活動をなさっているのですか。

竹村　「アジア河川・流域再生ネットワーク（ＡＲＲＮ：Asian River Restoration Network）」の日本窓口としてつくった組織で、日本の経験と英知をアジアに発信し、同時にアジアの優れた取組みを日本国内に還元していこうというネットワークです。

岸　中心は韓国ですか。

竹村　韓国と中国と日本です。中身は情報共有のウェブですね。年に一回ぐらいそれぞれの国に行ってシンポジウムをやろうと、地道にやっています。アジアモンスーン帯の中の、この三国の人々は少しずつ流域思考の大切さ、流域の自然再生の重要性に気がついてきました。また少数派ですが、お互いにエンカレッジしていこうという思いです。しかしこれに限らず、この十年間ぐらいは世界規模で、いろいろなことが一気に動きはじめている感じがします。

岸　そうですね。私は「流域思考は世界を救う」と思っていて、「誰とどこで暮らしているの？」という先ほどの問いに、流域に暮らしていると答える感覚を持つ人が、一万人、いや一〇〇〇人に一人になれば、世の環境文化は劇的に変わると思っています。ようやく世界的に温暖化適用策を考えるようになって、温暖化は炭酸ガス削減だけで解決できるような問題ではないこともわかってきたようです。いま炭酸ガスの増加を完全にストップしても、ＩＰＣＣなどの予想するとおりであれば、温暖化は着々とすすんでしまい、豪雨・旱魃《かんばつ》の未来が待っています。温暖化で豪雨や渇水に見舞われる地域では、洪水渇水対応が文明的課題になってゆくほかない。そしてこれは、「流域」で、流域思考で、対応するほかない課題です。

一昨年から去年にかけて、さまざまな動きがありました。「水災害分野における地球温暖化に伴う気候変化への適応策のあり方について」という河川分科会の小委員会が出した答申がありますが、ここで国交省が「流域で適応策をやるぞ」という宣言を出しました。流域を考えることが地球温暖化の適応策になるという考えは、もうめずらしいものではなくなりました。IPCCの第五次報告も、流域にさらに大きく言及する可能性があると私は思っています。

流域単位での温暖化適応策とは、流域で治水と利水と土砂災害対応をすると同時に、人の健康問題や生物対策を組み込んでいくということです。これは国連のUNEP《ユネップ》（The United Nations Environment Programme）が推進しているミレニアムアセスメントと同じロジックになっている。いよいよ流域単位で物事を考え、実行する時代になってきました。国土交通省

ちゃんとイニシアチブを取って欲しい。強く期待しています。

温暖化適応策において流域に注目することは、都市住民の暮らしの地図の足もと

す」つまり、「暮らしの地図に地球人の正気を取り戻す」ための絶好の機会にも

ています。洪水を阻止するだけでも流域思考は必要なのですが、もっと大きく捉

域思考を持つ人が増えていかないと、地球環境問題は解決できないと思っている

とです。

生物多様性の保全も、資源と人口のバランスの問題も、そして汚染の問題も、私たちはデカルト座標的な空間に生きているのではなく大地のデコボコの中に生きているのだという自覚・体感のもとに対応されてゆくべきものと思います。

私たちは、それぞれの暮らしの地域で、水や物質の循環、自然のにぎわいのつくり上げる地球の可能性や制約と改めて共生してゆくほかない。そんな了解をコモンセンスとする持続可能な文化の育成のためにも、「どこに住んでいるの」と訊かれたら、港北区でも鶴見区でも町田市でもなくて、鶴見川流域ですと答えられる市民や子どもたちを是非とも増やしてゆきたいと思います。別に行政区を廃止しろといっているわけではありません。人間としての感覚を、大地に根付いたものにするために、流域を基本枠組みとした、あるいは流域の入れ子構造を枠組みとした、地球のデコボコ地図を、私たちのもう一つの共通地図にしてゆきたいということですね。行政も、大地が持つ流域性から逃げて考えては駄目、と主張しているのです。

一つの流域について深く把握し、そこで起きた問題の解が見つかったら、ほかの流域でも応用が利く。「生態系」といった茫漠たる概念では、相互のコミュニケーションを深めた積み上げができないおそれがありますが、非重複的な流域単位で区切れば、別の流域にさまざまな示唆を提供できるという利点もあると思っています。

養老　あるひとつの流域をきちんと把握すれば、以下同様でいいところがあるからね。

竹村　曼荼羅《まんだら》のようですね。

岸　流域であれば、源流があり、中流や下流があり、河口があって海や湖もあるという普遍的な地形の構成単位を思い浮かべることができます。さらに、侵食や運搬や堆積などの自然の秩序も共通しています。私はそれを引っ越し可能な地域主義と呼んでいるのですが、行政区を単位にしてしまうと、市役所、図書館、病院ぐらいのところでイメージが止まってしまい、自然が消えてしまうのです。

環境は権力者にしか守れない

竹村　最後に環境や流域を守っていくには行政の決断が決め手になるんですね。だから行政は大事ですが、行政自らが何かをすることはないということを忘れてはいけない。市民がつつかないと行政は動きません。行政側にいた私が断言するのだから間違いありません（笑）。行政が抱えるいちばんの問題は縦割りということです。所管する法律または権限というコースターの上に、グラスという行政組織が載っている。そしてコースター同士が交わることは絶対にない。当たり前ですよね。もしコースターが重なり合っていたら、行政の無駄と批判されます。個々の行政組織は、コースターの上で所管する法律や所管する町のことを考えて、そのコースターからはみ出たものにははじめから関心がありません。仮にあったとしても上と横から叩かれるから、そのコースターの上だけでやっていくしかないんです。

本来は社会の変化から行政へのニーズが変化してきて隣のコースターと協力していかなければならないはずなのですが、次から次へと起こる行政バッシングによって個人の心も組織も萎縮《いしゅく》して行政活動が先細っている傾向があります。つまり、行政に地域を横断して何かと何かを連携させることを期待しても駄目なんです。ではどうすればいいのかというと、最後はやはり政治主導なんでしょう。その政治家を動かすのが誰かというと、結局、市民なのです。市民のエンジンがないと政治家も官僚も動かない。

岸さんがすごいのは、そのような行政の限界を見事なまでに知っていて、縦割り組織の限界を乗り越えるやり方を上手に見つけたところだと思います。政治家としての市長や知事と話したわけで、決定権のあるリーダーをしっかり動かしている。当時は、環境問題というテーマでは、彼らをホロリとさせない限り絶対成果を上げることはできなかったはずです。

私はずっと前から、「環境は権力者にしか守れない」といってきました。一般庶民の活動だけでは、ただ細分化するしかないのです。

このことを端的に現しているのが、大阪の市民の町、堺です。堺は極端に緑が少ない。関東の人は、堺の町と聞くと自治の町というい
いイメージばかりが膨らみがちですが、実際に行ってみるとイメージギャップに驚かされます。つまり市民だけで大きな権力がない所には緑がないし、どこか雑然としています。東京にあれだけ緑があるのは、徳川幕府や大名屋敷など、権力者がたくさんいたからですね。

問題は、緑や環境を守るために、いかにして力を持った人を味方につけるかということでしょう。今の世の中で力を持った人というと、行政か大企業になるのでしょうが、岸さんは流域の権限を持った人や資金を持っている首長や大手の企業が支援しようというところに持ち込んだ。みごとなものです。これをやらなきゃ駄目です。単なる市民運動で反対ばかり唱えても、何も解決しない。

岸　ここ、ちょっとオフレコでお願いしようかな（笑）。

養老　べつに褒め殺しではないでしょう（笑）。

市民運動を結実させるシステムが崩壊してゆく

岸　アカテガニや「イルカ丘陵」の話は、環境問題にほとんど関心のない行政トップでもわかってくれるのです。「イルカは面白そうじゃないか。応援団がいるみたいだから乗ってみようか」といった具合に話が通るわけで、細かい提案書やデータを持っていくだけではほとんど拒否されてしまうと思う。データや資料もないといけませんが、それだけで権限を持った人を説得するのには無理があるということです。

ただ、そういう動きを踏まえても、たとえば私たちが鶴見川流域で今までやってこられたのは、結局は国や自治体の河川管理者の志や努力、とりわけ国の河川管理者の志のおかげと思っています。自治体は行政区で川や流域や丘陵を分断してしまい、しかも継続がとても難しい。ここで国まで動かなくなると行政区画を越える環境課題や防災課題への対応はどうにもなりません。

竹村　なぜ自治体にできないことが国にできるのかというと、国の行政組織は県会議員や市会議員に人事を握られていないからです。つまり、国の行政官はどんどん転勤しますが、赴任先の県会議員や町会議員とは個人的な縁がありません。ところが県の職員や市の職員は、生涯彼らと付き合わないといけないわけです。ですからさまざまなしがらみが生じて抵抗できないケースが多いのです。国の出先機関の意味は、そうした個別の土地のしがらみを乗り越えるところにあると思います。

ところが岸さんのように、十年も二十年も努力されてきたようなさまざまな市民活動が、いま水泡に帰す危険性が生じています。というのは、国の行政の職員たちがどんどん萎縮しているのです。道路行政や、道路公団のさまざまな不祥事が叩かれましたよね。そのときからすべての行政分野で「何を言われるかわからないから、市民を下支えすることや、市民と連携したイベントは敬遠しよう」という風潮が生まれました。この風潮が大変な勢いで広がっています。行政側にしてみれば、市民活動を下支えしたり連携するのは公平さや透明さに気を遣いながら頑張るエネルギーが必要になりますが、萎縮するのは楽。タコつぼに入って、自分のコースターの上でのうのうとしていれば、いつの間に勤務時間が終わる。役人を叩けば叩く程、役人は小さく縮んでいればよい。だから今の日本は非常に危機的な状況にあるといえます。

養老　今は、国からの協力、国からの金を当てにしてはいけない時代なのでしょうね。

たとえば地方の団体などが、国から補助金を出してもらおうとすることがありますが、僕

ないほうがいいよと言っています。団体ですから、大きくなると何かしら意見の違い
と思いますが、市民運動としては、国から金を貰わない形で行なわないと、今のお話
いにただシュリンクしてお終いになります。

竹村　自分たちを理解してくれるパトロンをどうやって見つけるかが問題になりますね。

養老　自前でというのが一つ。もう一つは、こんな例があります。たとえばこの夏、福井で森についての会をやったのですが、地方の活動家はとても偉くて、県のお金は一切受け取らない。その代わり、新聞社に寄付をしてもらいました。市民運動のほうも少し自覚しているのですね。

伝統的な自立意識が進んでいるのが京都です。祇園《ぎおん》祭などは自分たちだけで運営するでしょう。先ほどの堺の話ではありませんが、市民が国との縁も断ち切って、自分で育たないといけないのかもしれません。一九七〇年代に世界を席捲《せっけん》したボローニャ方式というやつですね。

イタリアのボローニャは、国から金を貰わないということを市の根本方針にしている町で、議員が給料を貰っていないんです。みんな仕事を持っていて、議会は夜の七時頃に始まる。市民のほうもそこまで本腰を入れないと、市民運動は育たないのではないですか。運動の結

果だけを見ないで、その過程で市民が育っていくことの評価が必要です。

竹村　養老さんがおっしゃる手法を人々が身につけていくプロセスや成功モデルが、日本ではまだ見えてきませんね。

岸　私は、良くも悪くも日本にはまだ律令のような官僚体制が有効に残っていると思います。乱暴にいうと、幕府権力と律令権力という二つのラインがあって、律令ラインには国家公務員試験のキャリアの人たちなどが乗って、法制度の上で国家管理の仕事をする。政治家はもう一つのラインに乗って、律令ラインに対していわば逆のロビー活動をしてきたわけです。きわどい話ですが、日本はこの二つをうまく使い分けて、政治をやりたい人は政治家になって議会を運営してきたし、そこで名前を売らなくていいという人たちは、志のある行政組織に湯水のごとくデータを提供し、政治そのものから相対的に自立した計画、どの党派にも広く了解を得ることが可能な計画や制度の下図やモデルを準備してきた。こんな視点でみると、官僚システムは父権というより、場合によってはお母さん役、女房役みたいな仕事かもしれないとも思います。

そのシステムがつぶれかけているわけですが、次にどんな形があるかと考えてもなかなか見えてこないです。

竹村　私は日本水フォーラムというNPO法人の事務局長をしています。このNPOは世界の水問題で苦しい思いをしている人々に少しでも手をさしのべよう、日本の人々の水のネットワークを広げていこうという活動をしています。ここで考えるのは、NPOの人々に良い活躍をしてもらい、少しでも長く継続性を持って活動していくために、どうやって会員を増やしたり、理解ある企業を見つけていくかです。要は活動資金の確保の仕事がほとんどです。その姿が自分でいじましく思えるけれども（笑）。

岸　鶴見川の活動では、フルタイムとアルバイトを入れて毎日一〇人前後の人がNPO法人のスタッフとして働いています。ほかに無償で働く理事などが一〇人ほど。それでようやく動く。スタッフも理事も、活動資金確保のためでもある受託事業を全力でこなしながら、更に大きな力を注いで、流域活動の支援、学校支援などに飛び回ります。

全労済、トヨタ環境活動助成、三井物産環境基金や、各種財団などからの助成金にも支えられていますが、地域の企業や市民社会からの水平的な資金支援は、まことに細く、小さいものです。高知識非行動の日本の市民社会の日常をしっかり反映しているようで、苦労はまだまだ続くのでしょう。小網代の保全活動も事情は同じ。私は鶴見川の源流でももう一つNPO法人の責任者を務めており、先ほどのイルカ丘陵の活動を加えると全部で四つのNPO

活動に加わっていますね。どうして生きているのか自分でもわからないときがありますね(笑)。

養老　本来はそれが政治の役割だったはずなんですけどね。

岸　そうですね。でも日本の政治家は、公《おおやけ》を背負うことがあまりない。法律はつくるけれど、政治の現場でなされているのは、その法律をすり抜けることとか、破るようなことばかり目立つのは悲しい。法律を背負う人があまりに少ないという感じがします。政治家は基本的には地域利権の代表で、地域の深い利権から距離をとることができているのは、実は官僚だけという政治構造も各所にあるわけで、これを果たして何とかできるのかどうか。

養老　政治家の扱う金を、彼らの仕事に必要な公的な金だと見なす人がいなくなって、全部が政治家個人の金ということになってきた。これも考えてみると変な話ですね。

岸　そこまで突っ込んでしまうと、あとは出口がありません。

竹村　いやいや希望はありますよ。

小網代では税金や市民や企業の資金が一緒になって土地を購入し環境を守っていく。鶴見川では国と横浜市が協力して土地を購入して広大な遊水池をつくって流域の安全を守っていく。

要は、その流域に良いリーダーがいるどうか、運動を続けていく強いエンジンとなる人がいるかどうかです。

日本は全国の流域ごとに歴史も文化も異なります。鶴見川のまねをしようとしても失敗します。それぞれの流域ごとに手法も目的も異なります。だから流域ごとに多様性のあるリーダーやエンジンたちが必要となってきます。

現場との「ずれ」の問題

養老　ずっとお話を聞いていて思ったのは、僕が最近京都で出席した林業の会議と、問題の構造がまったく同じだということです。「日本の問題は金太郎飴だ」と私は思っています。つまり、医療を扱おうが、環境問題を扱おうが、流域を扱おうが、竹村さんの専門の水の問題を扱おうが、問題としては全部が金太郎飴で、たいした違いがないということです。
林業の会議で田舎に泊まった際、夜に役所の長官が来て一緒にお酒を飲みました。現場で働いている連中も一緒に来たのですが、法学部出身の長官が酒の勢いで、「採算が取れない作業なんてやめちまえばいいじゃないですか」と言ったわけです。現場で働いている連中が怒るかと思って心配しましたが、無事に収まった。そのときに思ったのですが、今、長官の仕事は採算が取れているんだろうか。国は赤字のたれ流しです。そもそも採算とは何だろうか、と。

これは医療問題でも同じで、安楽死問題が表に出て、医者が告発される事件がよくあるでしょう。あれは看護師が密告するから起きることです。もし病院全体の意識が統一されていたら、安楽死は安楽死じゃない。自然死です。

ところが、告発する看護師が出てくる。なぜなら、どんな患者さんであれ、頑張って一所懸命にお世話するのが看護という仕事じゃないですか。それを、医師が勝手に殺してしまったら当然怒ります。損得を考えずに働いている林業の現場の人たちと、同じ立場になるのです。要するに、問題がパラレルになっているのです。どうしても、現場とのあいだにずれが生じてしまう。

一方、林業でうまくいっているのは、江戸時代からの代々の地主が管理している所です。彼らは自分の土地の中から適当な年数の木を切り出して、上手く回転させることができる。岸さんの活動も、行政が土地を買い上げたから成功した。

岸さんのやり方は日本で珍しく成功している、京都・日吉町（現・南丹市）の森林組合と一緒なんですよ。彼らはまず、小規模地主を集めました。その後一定の書式をつくり所有者全員と交渉して、お宅のこの木は間伐しないといけない、間伐するにはこれだけの費用がかかって、これだけの補助金がついて、切った木を売ると最終的な収支決算がこうなりますといった具合に、組合の運営担当者が書類を全部見せて丁寧に説明し、一軒一軒の了承を取るのです。

地主にしてみれば、自分は何もしないでいいし、間伐するだけで森はつぶされない。しかもお金が入るならそれでいいよと言います。そうやって全員の了承を取った段階ではじめて作業道を入れるのです。地主が了解するまでは、道路はつくれませんからね。非常に根気の要るやり方ですが、彼らはこれまでこのやり方でやってきたのです。これは岸さんがしてきたことと、構造的にほとんど同じだと思います。

岸　確かにそうかもしれませんね。行政の中に中立的な力を見つけ出し、信頼し、突出したがる善意の政治、独善の政治をけん制しながら、現場にかかわる利害関係者たちの間に相互利益の構造を工夫してゆく。失敗も本当に多いのですがそんなことばかりしていますね。

養老　万事が本当に、金太郎飴なのです。現場とのあいだにあるギャップが、物事が停滞する大きな原因の一つになっていることに、おそらく多くの日本人は気付いていません。現場にのめり込むか、そうでなければ「そんな問題を片づけるのは俺の仕事じゃない」とみんなが思っているのでしょう。あらゆる組織でそうしたギャップが起こった結果が、今の日本の状況につながっているのだと思いますが、本当はそういった抵抗の大きなところから手を付けないと駄目なんです。

岸　ですから、災害待望論ではないですが……。

養老　そうそう。どこかで「ご破算願いまして」と言いたくなる。

岸　度外れの地震や大水害が来ないと、テレビのキャスターだけじゃなくて、視聴者の意識自体が変わらない。今の意識の偏りだけが積もり積もって、みんなであらぬ方向へ走っていってしまう。これでは困るのです。

養老　明治維新や終戦時のように、外の世界から激動が降ってこないと、自分たちだけでは変われないのでしょう。

竹村　黒船が来ないと突破できない、ということですね。

養老　それが近代日本の成功と実は、裏腹の関係になっている。今のままのやり方に固執していると、前に進めなくなります。「不採算のところはやめればいい」というのは経済合理性ですが、現場はそれで動くわけではない。この部分をもっと深く考え、学ぶ必要がありそうです。

すでに、伊勢神宮の森が理想の森になっていた

養老　僕が出た会議では、その優秀な日吉町森林組合の湯浅さんという人が出席されていて、具体的な方策を披露してくれました。京都大学の竹内典之《みちゆき》さんという先生もいらっしゃって、森林の管理者に対して「あなた方はこの国有林を将来どんな林にしたいと思っているのですか。それが決まっていないと道路を入れることはできないし、間伐だってできないはずです」と言っていました。

それじゃあというので見直してみると、今の木を育てて最後に木を売ってもたいした額にはならない。とうとう放っておいてはどうかという結論が出てしまいました（笑）。そういうところで職員を働かせていたら、職員が元気になるはずがない。竹内さんは林学の専門家で、生業としての林業というようなことも考えている人ですが、そのような生産性を含めた全体的な構造についての認識がないことを嘆いていましたね。

福井県に元林野庁におられた鋸谷《おがや》茂さんという人がいます。ご自分で山を熱心に管理され、独自の間伐方式などを提案されています。その人が理想的な人工林のあり方を標準モデルとしてつくって、あるていど数値化をしました。

具体的な数字を出してみたら、驚いたことに伊勢神宮の森がそれに非常に近いモデルで管理されてきたことがわかりました。神宮の森を維持するためには、これまでにも大変な手間暇をかけてきました。伊勢神宮には「二百年後には二十年ごとの遷宮を自給自足する」という明確な目標があり、その実現を期す努力を続けることで、彼が苦労してひねり出した計算結果が実践されていたのです。

三重県には昔からの大地主がいまして、伊勢神宮の木材を江戸へ供給するために力を尽くしてきました。今は慶應大を出た速水亭という方が経営している、速水林業という企業が堅実な林業を営んでいます。それは規模が大きいからできることでしょう。

岸　理想的な森林の標準モデルをつくるのは、本来林野庁の事務所担当官の仕事ですね。それが行われていないわけでしょう。今は河川もそういう事態になっていて、私たちが全力ですすめている流域宣伝は、本来は河川管理者全体の仕事です。でも、自治体の河川管理のＨＰにのっている流域図は基本的にはみんな行政区で切り取られている。国の事務所までそういう状況に追い込まれたら、あとはどうするのでしょう。

竹村　それはひどいな。私は後輩たちに、河川管理者は、樋《とい》の管理をしているんじゃない、流域全体の水循環を管理しなければいけないと言っています。もう樋屋はやめろ、と（笑）。

でも、なかなかわかってくれない。

国土づくりの見通しがない

岸　地方自治体の防災や緑の基本計画には、流域の視野がなかなか入らない。たとえば河川の管理だったら、時間五〇ミリの雨への対応などの目標があって、それに合った整備がすめば仕事は終わってしまう。つまり、五〇ミリを超えるような雨については誰も何も考えない。温暖化を睨《にら》み、継続して、流域で危機を考えつづける仕事はたぶん自治体にはとっても難しいんです。黒船のようなとんでもないことが起こらないと駄目なのかなと思います。

竹村　しかし、そのとんでもないことは、間違いなく起こります。四〇〇ミリ以上の雨が、仮に百年に一度降るとしましょう。そのとき起こる洪水を、単純に「百年に一度の大災害」と考えるだけでは駄目なのです。確率で百年に一度ということは、百分の一＝五〇分の一×二分の一です。だから五十年その地域に住む人にとっては、生涯で大災害に見舞われる確率は二分の一になる。コインの裏表ですよ。百年に一度の洪水とは、五十年間建っている家が二分の一の確率で被害を受けるという、低レベルの防災整備なのです。でも、実際にそのレベルの投資しかできないという状況もある。だから、樋だけではなく、流域全体で防災に取り組むという姿勢が必要不可欠になります。

岸　今の防災整備には、竹村さんがおっしゃったような見通しがあるわけではなくて、整備技術だけの問題になっているでしょう。五〇ミリ対応だったらこのくらいの高さの土手をつくればいいと計算して、それで終わりです。でもそんな計算は、お天道さまや積乱雲には関係ない。とにかく分権すればますます良くなるという分権論は、このあたりの危うさをどう処理してゆくのでしょうか。

養老　林業もそうですね。五年後、十年後の見通しが立った計画がなされているとはいえません。本来はきちんとした計画に基づいて間伐を行うべきなのに、今はわずかな補助金を貰うための、間伐のための間伐になっているのが現状といわれています。

竹村　昔、一斉に杉の苗を植えたのと同じことですね。一本いくらで補助金が出ましたから。

養老　そして、現場では仕事の質が低下しています。「森をどうするか」というビジョンがないのですから当然といえば当然です。

この問題をとことん追究すれば、最後は、国は河川や森林の将来のモデルをどう考えているのかという話になるはずです。そこまでいって、ようやく国家全体のプランを考えようという動きが出てくるのかもしれません。

竹村　今までは人口増加の圧力に、日本全体の行政が負けていたんです。その人口問題がなくなったのですから、これから本気になって考えなければいけない。役人は「お前たちのプランはあるのか」と訊かれることになります。

養老　右肩上がり時代の既存システムなんて、いつでも変えられるはずでしょう。岸さんのケースは先行モデルとして非常に有効です。鶴見川あたりでいいと思います。河川流域が小さいからわかりやすいし、全体としてのプランを考えるときに、非常に参考になることをやってくれている。

竹村　やはりモデルは必要です。小網代も一つの成功モデルですが、あそこは庭園ですからね……。

岸　だから鶴見川の流域、と言いたいところなのですが、鶴見川は身も蓋もない都市河川です。利水がないですからね。鶴見川流域発の知恵はますます大きく多様な成長をすると思っていますが、それでも厳密に一般化できるのは治水や汚染や自然の保全、流域文化の育成などに限定されてしまうという、冷静な見極めも持っておかないと。

竹村　さらにいえば、資源の確保という観点からも、流域思考は必要ですね。現在、農業で用いる肥料に必要不可欠なリン鉱石が枯渇しつつあります。そうすると、リンを含んだ下水道を活用せざるを得なくなるでしょう。そろそろ下水の糞尿からリンを取るシステムをつくらなければいけない。少なくとも今世紀の中頃までには、そのようなシステムが必要です。

岸　技術的にはもう基本ができているので、問題はコストですね。

竹村　そうです。でも、ある意味ではそれだけの話なのです。下水道の管理は河川の管理と密接にかかわっています。ですから私は、流域の中でみんなが排泄するものからリンを取るというシステムが確立されれば、それが流域思考の一つのシンボルになる可能性もあるとさえ考えます。

岸　リンの問題は切実ですからね。

竹村　養老さんや岸さんがいうように、現場の人はリアルな感覚を持っています。エネルギーが枯渇する時代に、それぞれの地方が流域で得られる資源を活用して生きていくという考え方は、リアルな流域思考の感覚を呼び起こすと思う。

岸　自立の問題も突き詰めて考えれば面白いです。別に流域ごとに鎖国するわけではありません。しかし、自分の住んでいる流域が、どのような特性の流域かぐらいは認識してもいいと思います。

たとえば鶴見川の流域面積は二三五平方キロあって、一八〇万人くらいが住んでいます。

概算すると、鶴見川の水で田圃や畑を灌漑《かんがい》して生きていけるのは二〇万人くらいのものではないかと思います。ということは、一八〇〇万人のうち一六〇〇万は、あの地域だけでは生きていけないのです。でも、そういう流域なのだ、他の流域に本当に大きく支えられている都市流域なのだと納得して、自然と共存する都市流域をめざす。余暇の時間や余ったお金があったら、そんな余裕のない流域に回そうよという流域正義の議論も、いずれしっかり育たないといけませんね。

今の日本の教育は、改革以前のアメリカの教育

岸　今アメリカでは教育の、特に小学校教育の大動乱期に入っています。日本でどうしてもっと報道しないのか、不思議ですけど。ブッシュ前大統領のときに“No Child Left Behind”という法律を通して、教育を改正したのです。英語と数学に競争的なテストを導入して、それを目標にして先生たちが合理的な授業を行なうというものです。

英語と数学については確かに成績が上がったそうですが、その余波として野外活動がほとんどできなくなった。環境教育はもちろん、社会や理科の勉強までしなくなって、そのうえたぶん体育なんかもしないのでしょう。肥満とＡＤＨＤ（注意欠陥・多動性障害）の子が増

えたといわれています。手元に分析できるほどのデータがないので、詳しい数値はわかりませんけれども。

その後、この教育改革に対する大規模な反対運動が起こりました。チェサピークベイアライアンスやシエラクラブのような全国の巨大自然保護団体が結集して、名目的な参加者数千万人という、No Child Left Inside というコアリション（連合）が組織され、「子どもたちを教室から出せ」といいはじめたのです。その結果、昨年（二〇〇八年）の九月に下院で、野外での子どもの活動を教科学習の中に組み込めとか、優秀なＮＰＯが子どもたちの野外活動を支援できるように州政府が計画を立てて連邦政府から資金支援しろといった内容の法案が下院を通過しました。ところが、上院での審議にあたり条文がかなり変更されてしまい、さらにオバマ大統領の就任が決まって議会プロセスが一度デフォルトに戻りました。今は一度下院で通ったものを、またゼロからやり直しています。コアリションのホームページはちゃんと維持されています。この議論の深層の中心にいるのが『足もとの自然から始めよう』を書いたデイヴィド・ソベルで、今年の春に私の翻訳で出版されています。私の考え方とほとんど同じことを主張してくれる学者です。

よく知られていることなのですが、実は日本でも学習指導要領の改訂で、同じようなことが起こっているのです。気になって随分勉強しているのですが、よく読むと怖いことがたくさん盛り込まれている。たとえば総合的な学習の時間が実質的になくなってゆく。先日、自宅のすぐ脇にある小学校にうかがう機会があり、市民も応援してみんなでつくった校庭の池のビオトープ（野生の水生生物の生息繁殖場所として学校校庭などに設置される池）の学習はどうなっていますかと訊いたら、「すみません、本校の総合学習の時間は、この春から全部英語の授業に切り替えました」と知らされました。

でも、オバマ政権のグリーンニューディールの動きの中で、アメリカの環境教育が重点化されるようになると、日本はまたそのあとを追っかけるんでしょうね。たとえば我々が鶴見川で行っている学校支援は、今アメリカに持っていったらモデル事業として認められる自信がありますが、政局がらみの河川行政の大混乱の中で、日本では早晩支援が終わってしまうかもしれません。

さらに驚くべきことは、日本の教育分野の人たちはこういうことをほとんど問題にしていないように見えてしまうことですね。どこにも話題が出てこない。No Child Left Behind や No Child Left Inside をめぐる日本の教育界の反応は、アメリカのインターネットで何やら騒いでいるらしいというていどのことなのでしょう。知り合いの先生からは、「岸さん、今の教員は忙しいからそういう本は読みませんよ」と言い切られてしまいました。先生が忙しすぎるというのも、いま本当にどうにかしなければいけない問題ですね。

一時期は河川学習についても、支援を受けた子が、どこの大学に何人入ったか調べろだなんて、笑ってしまうような指示が出かけたことがあったと聞いています。川の好きな子、足もとの地球の好きな世代が育つことそのものに意味がある。学力とは別の感性の重要さがわかっていませんね。

養老　ひどいね。文科省まで。彼らが真面目にやっていることはわかりますが、真面目にやればやるほど間違ってしまう。

竹村　結局、リーダーたちは大局観について議論をしていないんですね。大きな目で時代を見ていかなければならないのに。

養老　本気で日本国を考えないといけませんね。林業でも同じことで、結局どんな森を最終的につくりたいのかがわからない。採算の取れる林業をやれと言うのもいいですが、では天然林はどうするのかという問題は放置されたままです。それはそうでしょう。天然林ははじめから採算なんてないのだから。大きなプランがないということが、今になってあちこちに響いてきていますね。

教育もそう。どういう子どもを育てたいかというビジョンがない。林業にかんしていちばんあきれたのは、散々議論した挙句、最後に出てきたのが「現場のわかる人材を育てる」という結論だったことです。これってもう間に合わないと思いませんか？「大学の林学はいったい何をしていたんですか」って訊いたら、京都大学の教授が「日本の大学に林学はありません」と笑っていました。もちろん具体的な場面で、この森をどうするということがわかる、という意味です。

岸　研究論文を書くために来ているだけで、現場に関心のある方がいないから、結局、何もわからない。

養老　完全な空洞化です。だって、林学や農学や工学や医学は実学でしょう。理学部や文学部では使いものにならないのはわかるけど、林学を出たやつが林で使いものにならない教育ではどうしようもない。

竹村　日本では、今丸太の輸出が急増しています。中国がどんどん買うからです。山持ちの大地主さんが死ぬと相続税を払わないといけないので、分割して売ったり、都会に出ている子どもたちに分けていく。所有権が都会にいる子どもに移った瞬間、山林の近くに住んでいる人々は他人の土地には入れないので、山は荒れ放題になります。こんな状況の日本の山地

を中国の企業が買い上げて山中の木をすべて切ってしまい、中国にどんどん輸入していま
す。
　新聞に日本の山林が中国資本にやられていると報道されていましたが、何を狙っているか
というと、地下水を狙っているのです。山を流れている地下水が川に入った瞬間に、「誰が
一方的に所有してもいけない、水はみんなで分かちあって仲良く使うものだ」という水利権
の概念がはたらくようになります。しかし、地下水は個人の所有地の下にある限り、地球の
真ん中まで地主のものだからいくら地下水を抜いてもいいのです。だから日本のきれいな山
を買って、地下水をくみ上げてペットボトルに入れて、べらぼうな量の水を中国へ持ってい
っても、誰も文句は言えないのです。
　私は、国民は資力をあげて山を買うべきだと思う。信用できる企業も含めてね。

養老　それはいい解決策だ。

竹村　山林は今はまだタダ同然ですからね。

養老　教育も林業も、基礎から大局観を練り上げたほうがいい。その基礎になるのが、流域思考なのでしょう。

第6章
自然とは「解」である

「上」で暮らすか、「中」で暮らすか

岸　現象学的自然論というものにすこし凝《こ》っていて、ときどき勉強しています。ハイデッガーなどの思索につながる思想ですね。そんな関連でよく考えるのは、人は地球の「上」で暮らすのか、「中」に暮らすのかということです。

私の自己分析によれば、人間というのは何かの「中」で暮らすという感覚を内在しているのではないかと思います。どこかの上に暮らすって、不安でしょうがないのですね。近代は人間に地球が球体で、しかも回っていることを教えました。その知識に即して了解すれば、私たちは地球の上に暮らすということになりますね。「中」に暮らせる場所をあえて探しにゆけば、簡単なのは宇宙でしょう。宇宙に出ていって、宇宙の中に暮らすしかない。私は宇宙暮らしに関心なし。「地球の上で流域の中に暮らす」あるいは「それぞれの足もとの流域の中で地球を暮らす」と考え感じるのがいいなと思っています。風になるのか、ダボハゼになるのか、はたまたクワガタになるのかはわかりませんが、何度生まれ変わっても鶴見川や多摩三浦丘陵でよろしいので、宇宙暮らしはいりません。

もう一つ面白いのは、ランドスケープという言葉。あれは英語の日常的な意味では風景画

とか、見た目の景色のことですから、Live in landscape という英語は本来は成立しませんね。風景画の中で暮らすというような意味になる。でも今は、Live in landscape といういい方がときどき登場するようになってきました。アメリカ帰りの学生に訊いたら、使えますと言っていたし、アメリカでは最近 Landscape Realism といういい方も流行るようになりました。landscape は見るだけのものじゃなくて、その中にわれわれが、美意識や倫理をもって暮らしなおす土地の広がりだという感じが根付きはじめていて、時代の転換点のサインの一つになりつつあると私は独り決めしています。地球環境の危機が絡んでいると思いますが面白い。流域はもちろん、自然ランドスケープの典型です。

また、日本では landscape をふつう景観と翻訳しますが、これを井出久登さんが景域と訳しています。とってもいい訳ですね。いずれ、この訳語が当たりということになる日がきてもいい。

そんな具合で、地球に対する人々の言葉やセンスが、目立ちはしないのですが、いま大変な勢いで変化しています。「流域」という言葉もそういう流れにうまく当たると広く受け入れられると思うのですが、アジアモンスーンの都市国家日本はそういう意味では絶好の場所なのに、まだ河川局も「流域」という概念で決断して動いてはいませんね。今度の世界水フーラムで変化があればいいのですが。

竹村　流域という概念は法律にはありません。世界水フォーラムは自由に意見を出し合う場ですから、そのような議論もしていきます。

岸　「流域の健全に関する法律」といったものができるといいと思うのだけれど。

竹村　そのネーミングでは、土地にかんする法律になります。

養老　河川を上につけたらいいんじゃないですか。「河川流域法」とか。そうすれば誰が考えても国土交通省の話だとわかる。

竹村　私は関係する行政が多く複雑になりますが、「水の循環」といういい方をしています。そういうと土地所有権の概念から少し離れられます。

岸　そういった言葉の仕掛けに人類が十分馴染むまでに、私は百年、二百年、ことによったら五百年ぐらいかかるかもしれないなどと思ってしまいます。それでもうまくいくかどうかわからないけれど、人類が穏やかに地球の可能性と制約の中に住み直す日が来るのだとすれば、必ずや、果たさなければならない転換でしょうね。

「客観性」ではなく、「世界の豊かさ」を志向せよ

養老　ただ人間、文化だけではなくて、からだ全体に刷り込まれているものもありますよ。たとえば、人の顔はへこんだ面としては見えない。つまりデスマスクの型を写真に撮って見ると、普通の飛び出した顔に見えるのです。

岸　へこんだ型を見ても、顔に見えるわけですね。

養老　顔だとわかった瞬間に、飛び出すんですね。何の意味も持たないデコボコだと思えば、ちゃんとデコボコに見えるけれど、われわれは凹面《おうめん》の顔というものを認識できないのです。

岸　有名な話ですが、自分の目を動かしても世界は変わらないけれど、突然目玉をキュッと押されると世界が動きます。目が押されるなんて脳は予定はしていないから、目玉を押すと世界が動くのです。

養老　その手の話で面白いのは、本を読むときに本が動かないということでしょう。縦書きの本を読むときは、上から下に向かって縦に文字を追うじゃないですか。そうしたら、本は上に上がっていくはずです。目の代わりに、カメラで撮影したらそうなるのですから。でも、絶対に上がっていかない。

岸　動かないと脳が決めている。

養老　いや、実際は生理的に処理しているんだと思います。つまり中心視野です。われわれは基本的に周辺視野も中心視野も同時に見えます。中心視野が意図的に動いているときは、周辺視野に逆の動きを入れてゼロにしているのです。そうしないと世界がグラグラして酔っぱらうんでしょうね。我々は世界のほうが静止していると思いこんでいるけれど、実際は脳が世界を静止させているということです。

岸　困ってしまうのは、客観世界というものがあり、その上で客観世界じゃない世界がつくられていると考えられがちですが、動物であるかぎりは主観的な世界が第一で、その向こうに客観世界が仮定されているということです。人は一人ひとりが違う世界をつくって暮らしている。個体や文化ごとに別の世界をつくる動物とつくらない動物がいると思いますけどね。たとえばクラゲなんかはなかなか世界をつくらないでしょうから。

養老　クラゲにとっては、波はないのでしょうね。波と一緒に動いているのですから。波のある世界なんかつくったら生きていけません。

竹村　この主観的な私たちの世界、特にメディアの世界では言葉で表現されたものだけが実存していることになる。

洪水で堤防が決壊して報道され表現されれば、それはあったことになる。ところが洪水が発生しても堤防が決壊しなければ報道されず、言葉で表現されないので、その洪水はなかったことになる。

この世界には膨大な実在するものがあるのだけれど、言葉で表現されるものはほんのわずかなものでしかない。言葉で表現されたものの虚しさを感じることがありますね。

岸　もうちょっと、豊かな言葉の使い方を考えないといけないですね。

養老　そうですね。メディアが「世界を豊かにするために」という気持ちを持っただけで、ずいぶん違ってくるはずです。起こってしまった出来事はしょうがないけど、その不幸を慰める言葉があるはずです。辛く不快なことは話してはいけないといっているわけではありません。しかし、客観性を心がけるのではなく、世界を豊かにする表現を目指すという考え方が根本にあるのがいいのでしょうね。

生物学的な倫理を取り戻せ

岸　人間は脳を基準に生きていて、脳の中には主観的な世界の定型が後天的にできてしまいます。成人して家族を支えるような年になれば、もはや世界の形成ではなく、その世界の中で「どう有能に生きていこうか」、誰でもそれが課題になる。つまり、人間はたしかに世界の定型を形成し、修正しながら生きるわけですが、今はその定型のつくり方に、大げさにいえば文明的な大変化が起きています。環境にかかわる倫理などという領域も、実はそういう次元と深くかかわっているような気がするんですね。

そもそも人間は、最近流行の観念的な環境倫理のほかに、生物学的な倫理のようなものを持っているのではないかと思います。倫理を英語でいうとethics。ethosにつながる言葉ですね。ethosはethology（エソロジー：比較行動学）のethos、英語でいうとhabit、習性でしょう。誰とどこで住まうか、それが定まれば、習慣が定まり、それがethos、ethicsになる。古代の哲学者はそんなふうにも考えていたはずですね。住まうべき世界を抽象的な環境という枠で把握するのが一般化するから、環境の中の、ランドスケープや多様な生きものたちに内在的な価値をみとめるべしなどということになるのですが、日々、鶴見川やその川辺に暮らす生きものたちと共存する暮らしが日常化すれば、その習慣そのものが倫理につながってしまう。人間は誰とどこで住むかという問いに、地球を無視して答えはじめてもう長くなってしまいました。もういちど大地を暮らす習性の大切さを認識し直して、地球に住むのにふさわしい倫理を育てなければなりませんね。

私の夢は、ウォーターシェッド・ジャパンというような組織ができて、緑の列島を流域ごとに考え、暮らし直す日本国が育ってゆくことです。頭でっかちに政治イニシアチブばかり競い合うようないい加減な組織をつくってしまうとあとが大変。そうかといって、水のマスタープランや総合治水のプランがしっかりあって、行政とうまくやっていく力のある市民団体の育っている流域だけでつくろうなどとしたら、今度は百年たってもできないかもしれませんけどね。でも、ウォーターシェッド・ジャパン、「流域日本」って、なかなかいいでしょう（笑）。そういう組織が、この列島に育つ日が来るかもしれないと思うとまた勇気がわいてくるな。

養老　岸さんの話を聞いてると、これが本来の政治というものじゃないかと思いますね。

岸　官僚の仕事はまだまだ侮れないと思っています。先ほど「日本にはまだ律令体制が残っている」と述べましたが、やはり律令方の政治家と幕府方というか党派的・世俗的な政治家という二つの異なるラインが、対立と協力を繰り返しながら、しばらくこの国を背負っていくのかなという気もします。早晩この体制は終わって、幕府方の政治家が公を背負い、同じく公を背負った議会ができるかと思っていましたけど、最近の情勢を見ていると、そんなことはどうやら簡単にできそうにない。まだまだずっと先のことというのが実感です。

これ、どうするんですかね。律令的な公の秩序のもとで権限を付与され、執行していく政治家がいなくなったら、誰が党派と中立的な公の仕事をするんでしょうか。こんなことをいうと多くの人が怒り出すような気がしますが、たぶん養老さんや竹村さんも、本音では私と同じようなことを考えているんじゃないですか。今は政治家の倫理が本当に無茶苦茶ですから。

養老　大和言葉の「公」は大宅、つまり大きな家ということで、もとは天皇家のことを指す言葉です。森の話をやっているうちに、最後はモデルとして伊勢神宮が出てきたように、そのことの持つ意味はまだなくなっていません。驚くべきことですけど、本当にそうなんですよ。

愛する大地のある子どもを育てているか

岸　流域は、倫理だけでなく、「愛」という感情も育てますね。

流域には、必然の流域と愛の流域とがあると思っています。「流域で対応しないと治水や渇水への対応、地球温暖化による水難への対応は難しい」「流域で対応しないと生物多様性の総合的な保全は難しい」などの必然の論理、流域でなければ駄目だという議論は、あくまで大人の議論に過ぎない。それはそれできわめて重要ですが、「愛の流域」というものも存在する。川が面白い、雑木林で遊ぶと楽しいという、子ども時代の体験と実感があって、大きくなったらそんな体験が流域という枠で織り上げられてゆき、流域に愛のある大人たちが育つ。人と大地のそんな関連もあるのですね。実はそのような文化こそが地球と共存する新しい文明を支えてゆく力なのだと私は思っています。

川が面白い、土が面白い、水が面白い、魚も虫も雑木林も面白い。まずはそんな記憶をしっかり心や体に刻み、愛着を持って流域を語る人を増やしておかないと、理屈だけでは実は何も動かない。やはりみんな焦っていて、理屈で声高に主張しすぎていたと思うのです。川で魚を獲った子が有名大学に行くわけではありません。川が好きになるだけ、足もとの地球が好きになるだけです。それでいいのです。そういう子どもが一〇〇人、一〇〇〇人いれば、何人かは環境保全に関する仕事に就くかもしれません。

でも、今の人たちはそこが我慢できなくなっている。我慢できないから、次の世代を、暮らしの足もとに広がる地球の真っ只中でまともに育てるといういちばん大事なところが壊れてゆきます。人間はオモチャじゃなくて動物ですから、そこの育て方を間違えると、観念では何でもわかるけど、愛を持って何かに取り組むことをしない、探求型の仕事ができない次

配列をどうするかという問題の解が、今見ている葉のつき方であることがわかる。これに最初から方程式を立て、コンピュータを使ってこの問題を解こうとしたら、解けるかどうかすらわかりません。だけど、植物を実際に見たらそこに解が出ているのです。そしてその解を間違った植物は、競争に負けるのです。四国の新緑でも同じことで、あれはある種の曼荼羅に見えますが、そういう美しさもある問題の解だということですね。

自然が示す解を、日本人は昔からずっと感じてきました。でも現代になってそれを都市のコンクリートの壁の中に閉じ込めてしまいました。解を知りたいのなら、コンピュータでも使って計算するしかないでしょう。

僕は森林にかんしては素人ですが、ある人工林を見て「この林はどうにもならん」などと直感で判断することがあります。感覚があるからです。複雑な問いへの答えを導き出すのは、実はどういうものを見て育ったかという、経験の力なのです。

前に、生まれてからある年代まで見た空間が自分の空間意識、地図の読み方を決めるという藤森照信さんの説を紹介しましたが、これは川でも同じことです。川の流れや石のあり方はものすごく複雑で、しかも動いています。そういったものをずっと見て育った子どもは、何かの答をちゃんと身につけています。だから、現代の都市が何かの答を一切身につけていない子どもを大量生産していることが気になる。僕は小学校のパソコン導入は勘弁してほしいといっています。子どもは山の中に放っておけと思っている。

岸　小網代の干潟で、ワタリガニを捕まえてとっても幸せそうにしていた子どもがいましたね。

養老　そう。ああいう泥だらけの連中が、将来の世界をしょって立つのです。

エピローグ　川と私

養老孟司

小学校の頃、よく鎌倉の滑川《なめりがわ》で遊んだ。自宅から歩いて五分ほどで、子どもにとってはよい遊び場だった。小学校二年生で終戦だったから、戦後のなにもない時期に、川はとても豊かな場所に思われた。橋の上から川面を見ても、中に入って石を起こしても、さまざまな生きものたちがいた。

暇さえあれば川に行ったので、ほとんど川で育ったようなものである。たまたま一緒に行く友だちがいなくて、一人で行ったこともある。下を向き、川底の石を起こして魚を探していたら、橋の上から声がした。「なにしてんの」。往診途中の母親だった。母はそのまま行ってしまい、私は魚捕りを続けた。どういう意味があるのかわからない、子どもの頃の記憶に留まる奇妙な一瞬である。

小学校六年生の頃だと思う。後に鎌倉市長を勤めた中西功君と、水源まで行こうと、滑川をさかのぼった。最後に杉林の中の小さな流れに行き着いて、ここらでやめるか、と帰ってきた覚えがある。中西君もそれをよく覚えていて、ときどき話に出る。たぶん私の流域思考（実験？）のはじまりだったのであろう。

石の下にいる魚は、いま思えば、ハゼの仲間だったらしい。石を起こしても、たいていは動かず、そのままじっとしている。川下にザルや網を置いて、手で川上から追うと、網に飛び込む。この漁の成功率が、子どもにとってちょうどいいのである。いつも確実に捕れたのでは、慣れて退屈してしまう。百に一つも捕まらないのでは、諦めが先立つ。成功率がたぶん五分五分くらいだったから、魚捕りに凝ったのに違いない。

それだけではない。さまざまな違う種類の魚が捕れた。大物はウナギで、大小さまざまだった。どちらかといえば、泥底の石の下に棲んでいた。大きいのはたいてい石垣の穴の中で、これは子どもの手に負えなかった。穴に指を入れたら、ウナギが食いついて、指と一緒に穴から出てきたことがあった。ザルで捕っているときは、ウナギをザルにいれても、這い上がって出てしまう。当時は梅雨時になると、学校へ行く道端をウナギが這っていたりした。いまの人は、ウナギが地面を這うことなんか、知らないであろう。

川底が砂だと、その砂をザルに入れて洗ってみる。するとウナギの幼魚がたくさんいた。

砂の中から出てきたのに、透き通って、とても美しい。捕まえるのではなく、見て楽しんだ。生きものの美しさ、生きていることの不思議さ、それをはじめて感じた瞬間かもしれない。もう長年、あの姿を見ていない。

水が涌いている清流だと、カジカの一種が捕れた。頭が大きく、全体の形が偏った菱型で、私はこれが大好きだった。あまり見られないし、いまでいえば、ちょうど珍品の虫を採ったときの気分だった。友だちが最初にこれを捕ったときのこともよく覚えているが、本人に先日訊いてみたら、なにも覚えていなかった。記憶とはそういうもので、たぶん私は、例外的に生きものの記憶がしつこいのである。

六月の夜には、おびただしい数のゲンジボタルが飛び交った。当時は当たり前で、わざわざホタルを見に行くことはなかった。当然だが、川底の石にはカワニナがいつもたくさんついていた。それがホタルの幼虫の餌だとは、ずっと後で知ったことである。むしろヘイケボタルを見たことがなく、中学生くらいになって、はじめて覚園寺というお寺の前で見つけ、大発見をした気分になった。

魚捕りに夢中になっていると、ふと視界をきれいな色が横切る。カワセミである。最近の滑川には、また戻ってきたらしい。いまではサギを時折見かけるが、当時は見たことがない。

田んぼが多かったから、ほかに行くところがあったのであろう。

魚以外の生きものでは、なぜか大雨の後に、しばしばウシガエルのオタマジャクシが捕まった。子どもにしてみれば、びっくりするほど大きいので、面白がって捕らえた。アメリカザリガニもふつうにいた。思えば、両者ともに、あのあたりの生態系にうまく溶け込んでいたような気がする。やたらに多いわけでもなく、ごく少ないというわけでもない。もともと大船の農事試験場から出た移入種ということだから、もう上手に定着していたのであろう。他の生きものが多ければ、移入種がいきなり増えるということは少ないはずである。単調化した生態系の中で、移入種の急増が起こるという気がする。生態学者にいわせると、事情はもっと複雑だというかもしれないが。

滑川は人の書いた歴史の上では、青砥藤綱《あおとふじつな》の故事で有名である。川にわずかの銭を落としたのを、高い松明《たいまつ》を使って探したという、あの話である。いまでも青砥橋があり、同名の料亭もある。鎌倉の故事は貧乏くさく、松下禅尼や北条時宗の話は、江戸小話にまでなっている。先日鎌倉を世界遺産にする会の集まりがあって、そこで長年鎌倉に住んでいる銅版画家のピーター・ミラーさんのスピーチを聞いた。やっぱり鎌倉文化は貧乏だと、ちゃんと指摘していた。その代わりが、いわゆる武士道、精神文化である。そんなものは形が残らないから、世界遺産にしろといっても、宣伝文句がむずかしい。それは出席した外国人がいずれも指摘したことだった。私はいちおう会長なのだが、形のない世界遺産は、相手がよほどの凝り性でないと、理解してもらえない。

戦後の日本文化は、戦前戦中の反動もあずかって、貧乏の無視になった。貧乏でも暮らせる社会と、貧乏では暮らせない社会、その二つの社会があるような気がする。いまは貧乏では暮らせない社会である。先日、戦争中の家族の写真を見てみたら、ほとんどアジアの難民の写真に見えた。ただし全員がきちんと並んでいる。いわゆる難民とは、そこが違うだけである。それを私は「文化」と呼ぶ。文化はモノのかたちにも残るが、人のかたちにも表れる。「文化としての人のかたち」が消えつつあるのが、日本の現状であろう。それでも社会が成り立つのは、石油とお金がそれを補っているからである。

鎌倉の川が死んだのは、昭和四十年代である。下水道が不備で、家庭排水が流れ込んでいたところに、洗剤が大量に使われるようになった。洗剤は表面活性剤だから、細胞に対する作用がきつい。そのためほとんどの生きものが死んだ。当時は多摩川が泡立ち、メディアでもその状況が盛んに取り上げられた。それから某新聞では、パタッとその報道がなくなり、一ヵ月後に全紙面大の洗剤の広告が出た。世間とはそういうもので、結局万事をかぶったのは川とそこに住む生きものだったが、川は文句をいわないから、それで一件落着。

川を流域としてきちんと見ようとする態度がなかった。それは共著者の岸さんの話を聞いてもしみじみ思うし、京都大学の森里海連環学を生み出した竹内典之さんの話を聞いても思う。当たり前だが、山から海へとすべては連続している。そうしたシステム思考が日本に欠けがちである。それは最近、各方面の識者の指摘するところである。

思うに、日本の自然は多様で活性が高く、それに依存していれば、災害は絶えないものの、豊かな実りが約束された。だから自然に対する「手入れ」という思想で、すべてがまかないきれたのであろう。その自然は「読みきれない」のが前提だから、多少の災害、損害は「仕方がない」で目をつぶることができた。

ところが洗剤汚染の例で見られるように、近代文明の技術は、その丈夫な日本の自然すら脅《おびや》かすようになった。しかもその技術は、「すべてが読みきれる」ことを前提としている。私はそれを「ああすれば、こうなる」と呼ぶ。そうした態度は一見理性的だが、他方では短絡的である。いくら「ああすれば、こうなる」で自分の利益を考えても、死んでしまえばそれまで。死ぬ時期がわかるかというなら、わかるわけがない。そうかといって、自然に頼って生きる態度をとっているのは、世界でもいまやごく少数の人たちに過ぎないであろう。それならシステム全体をよく考えて構築するという思考を、日本文化に導入することにならざるを得ない。

それが「正解」だろうか。だから私は石油の限度を思うのである。現在のいわゆるグローバル化は、物流がほとんどまったく自由だという前提に立っている。それを根元で保証しているのは、格安の石油である。それに限度が来たときに、どういう世界になるであろうか。二十世紀のいわゆるアメリカ文明は、原油価格一定という枠の中での「自由」経済を謳歌した。その原油価格はすでに数十年間にわたって右肩上がり、二十世紀アメリカ文明の大前提はすでに壊れてしまったのである。アメリカが強国だということは、一人当たり日本人の四倍という、大量のエネルギーを消費するということに過ぎない。

社会を対象にするときのシステム思考と、自然のシステムを解明する思考と、その二つが矛盾せず、一致するように努めるしかあるまい。ヒトの社会システムも、自然のシステムと基本的に同じになるしかないのである。たとえば教育の世界で、文科系と理科系が分かれているようでは、まだまだ将来はおぼつかないであろう。

川という自然一つをとってみても、システム思考に慣れていないことが、自分でもよくわかる。昆虫を調べても、じつは話は同じである。地質的な歴史から、人の歴史、山や河川の生態系、動植物のすべてについて、あるていどの関心を持つしかない。岸さんの小網代の保全の歴史を聞いていると、それを痛感する。

そろそろ一本筋の単線思考を停止するべき時代であろう。川筋は一本だが、流域は複雑である。せめて二筋くらいは、ものを考えてくださいよ。そう感じることが多い。要は人間の考え方なのである。

あとがき

岸　由二

養老先生と、地べたの話、足もとの地球の話をすることができた。いつかこんな機会がやってくると予感していたような気もするのである。

地球環境危機は都市文明の産物である。都市文明は、大地を離れ、不死の世界にむけて奔放に飛翔してしまう脳の作り出してきた文明だ。生まれ生き死んでゆくものとしてのヒトの日常、その生とともにあるヒトの脳の面白さ、おかしさ、厄介さをめぐる類まれな観察者にして語り部である養老先生は、不死の妄想と、足もとの大地の忘却を契機として暴走ともいうべき〈脳化〉を極める現代都市文明への、根源的な批評家であらざるをえない。そんな養老先生のご関心が、最近、にわかに大地そのもの、足もとの地べたそのものに向かいはじめていると私は感じていた。そろそろ養老先生と大地のデコボコの話ができるかもしれない。鶴見川や小網代や多摩三浦の大地に四六時中へばりつきの暮らしをおくってきた私に、そんな予感があったと思う。

環境を知るとはどういうことか。〈脳化〉社会の常識でいえば、それは、温暖化や、生物多様性の危機や、さまざまな汚染指標について、あまたの理論をまなび、技術や指標をマスターし、危機の現状と未来について知識をためこむことといって良いかもしれない。しかし本書に通底するテーマは、そういう知り方以前の知り方、生まれ、育ち、働いて死んでゆくヒトが、だれとどんな場所を生きてゆくと了解するのか、そういう意味での「生きる場所」としての世界の知り方の問題でなければならない。

思い切って単純化すればそのような知り方は、実は数種類しかないというのが私の感想である。足もとの大地を生きものたちと共に生きる場所として、採集狩猟民のように知るという知り方。足もとの大地を耕作すべき場所として農耕民のように知る知り方。そして足もとの大地から地球性を剝奪し、大地そのものの生態的な可能性や制約とますます離れた様式で、ひたすらに経済的な功利性・技術的な可能性に沿って空間を分割し、極限的にはまったくの人工空間、デカルト的な座標世界として世界を構成することこそ成熟と考える都市文明的な知り方。これまでの歴史は、おおむねこの三種類の知り方を時系列として展開されてきたのではないか。地球環境危機は、その展開が、足もとのリアルな地球の限界によって、いよいよだめ出しされている状況と考えるほかないと、私は思うのである。

　苦境からの脱出は、たぶん新しい文明を模索する脱出行となるだろう。それは都市からの脱出ではない。宇宙への脱出ではさらにない。むしろ都市の暮らしの只中において、採集狩猟民の「知り方」、ときには農民の「知り方」を駆使して、足もとから地球の制約と可能性を感性的・行動的に再発見し、もちろん都市そのものの力も放棄することなく、地球と共にあるエコロジカルな都市文明を模索する道なのだろうと私は考えている。採集狩猟時代の人類は足もとの地表にすみ場所をさだめる地表人であった。産業文明の都市市民は足もとにますます暗く、〈家族と家〉というまるでスペースシップのような人工空間暮らしと、さらには実現するはずもない宇宙逃亡さえをも妄想する宇宙人となりつつある。その宇宙人たちが、採集狩猟の地表人のように足もとから地球＝環境を知る暮らしを再評価し、地表人の幸せの中で子どもたちを育てはじめ、やがて宇宙人＋地表人＝地球人となってゆく。百年かかるのか、二百年かかるのかわからないが、〈流域思考〉を手立てとして、人類はそんな道をえらんでゆくことができるのだろうと私は信じているのである。

　養老先生との対話は、まま私の一方的なおしゃべりになってしまった感もあるのだが、巻末にいたれば事態は明瞭、四方八方とびまわる私のおしゃべりは、みごとに養老先生の掌《てのひら》のうえの軽業と判明する。「自然は解」。ただひたすらに鶴見川流域の大地に遊んだ子ども時代に、私の体がどんな解を体験してきたか、鎌倉・滑川に遊び育った養老先生に、しっかりご確認いただけたなら幸せである。

文末にあたり、対話にご参加くださり、行政にかかわる難題中の難題にさえ言及してくださった河川行政の勇者、川仲間たちの深く尊敬する元河川局長竹村さん、小網代の谷の案内を支えてくれた日経BPの柳瀬さん、四方八方とびまわる話題のとりまとめに奔走された編集の西村さん、水野さんに、厚くお礼をもうしあげる。鶴見川流域、小網代、そして多摩三浦丘陵の各地における連携活動を日々ささえてくださっているすべての流域・丘陵なかまにも、心からのお礼を言わせていただかなければならない。みなさん本当にありがとう。

小網代・鶴見川訪問にかかわるお願い

小網代の谷は、まだ公開型の保全地域ではありません。安全で混乱のない訪問は、中央の谷の暫定的なトレイルから外れることなく散策していただく方式しかありません。一箇所にとどまってのキャンプや集団での遊び、行政の許可のない調査等は無しとご了解をいただけますよう。なお団体や学校でのご訪問については、NPO法人小網代野外活動調整会議にご連絡をいただき、小網代の森利用連絡・調整票をお送りいただけると幸いです。詳細は、調整会議のHPでご確認ください。URLは、http://www.koajiro.org/ です。

鶴見川流域における流域視野の防災・環境管理ならびに流域の自然や文化の紹介につきましては、「鶴見川流域センター」へのお越しをおすすめします。詳細は同センターのHPでご確認ください。URLは、http://www.tsurumi365.info/center/ です。なお、TRネットのHPにも、市民活動を軸とした流域情報が掲載されています。URLは、http: //www.tr-net.gr.jp/ です。

〈著者略歴〉

養老孟司（ようろう・たけし）
1937年、鎌倉市生まれ。東京大学医学部卒業後、解剖学教室に入る。95年、東京大学医学部教授を退官し、同大学名誉教授に。89年、『からだの見方』（筑摩書房）でサントリー学芸賞を受賞。
著書に、『唯脳論』（青土社）、『バカの壁』（新潮新書）、『読まない力』『本質を見抜く力──環境・食料・エネルギー』（竹村公太郎との共著）（以上、ＰＨＰ新書）など多数。

岸由二（きし・ゆうじ）
1947年、東京生まれ。横浜市立大学文理学部生物科卒業、東京都立大学理学部博士課程修了。理学博士。慶應義塾大学教授。専門は進化生態学。流域アプローチによる都市再生論を研究・実践。
鶴見川流域の防災・環境保全、三浦半島・小網代の環境保全にかかわる市民活動の中心スタッフとして活躍している。主な著書に『自然へのまなざし』（紀伊國屋書店）、訳書にウィルソン『人間の本性について』（ちくま学芸文庫）、ドーキンス『利己的な遺伝子』（共訳、紀伊國屋書店）、ソベル『足もとの自然から始めよう』（日経BP社）など。

〈鼎談参加者　略歴〉

竹村公太郎（たけむら・こうたろう）
1945年、横浜市出身。70年、東北大学工学部土木工学科修士課程修了。同年建設省入省。99年、河川局長。2002年、国土交通省退官。現在、リバーフロント整備センター理事長。著書に『日本文明の謎を解く』（清流出版）、『土地の文明』『幸運な文明』（以上、ＰＨＰ研究所）などがある。

構成──**今野哲男**
写真──**稲垣徳文　柳瀬博一　加藤利彦**

PHP
Science World
003

環境を知るとはどういうことか

流域思考のすすめ

2009 年 10 月 2日 第 1 版第 1 刷発行

著者　養老孟司・岸由二
発行者　江口克彦
発行所　ＰＨＰ研究所
東京本部　〒 102-8331 千代田区一番町 21
新書出版部　TEL 03-3239-6298（編集）
普及一部　TEL 03-3239-6233（販売）
京都本部　〒 601-8411 京都市南区西九条北ノ内町 11
組版　有限会社エヴリ・シンク
装幀　寄藤文平　篠塚基伸（文平銀座）
印刷・製本所　図書印刷株式会社
［ジャンル　環境問題とエコ］

落丁・乱丁本の場合は弊社制作管理部（TEL 03-3239-6226）へご連絡下さい。

送料弊社負担にてお取り替えいたします。

　ISBN978-4-569-77305-6

「ＰＨＰサイエンス・ワールド新書」発刊にあたって

「なぜだろう？」「どうしてだろう？」——科学する心は、子どもが持つような素朴な疑問から始まります。それは、ときには発見する喜びであり、ドキドキするような感動であり、やがて自然と他者を慈しむ心へとつながっていくのです。人の持つ類いまれな好奇心の持続こそが、生きる糧となり、社会の本質を見抜く眼となることでしょう。

そうした、内なる「私」の好奇心を、再び取り戻し、大切に育んでいきたい——。ＰＨＰサイエンス・ワールド新書は、『私』から始まる科学の世界へ」をコンセプトに、身近な「なぜ」「なに」を大事にし、魅惑的なサイエンスの知の世界への旅立ちをお手伝いするシリーズです。「文系」「理系」という学問の壁を飛び越え、あくなき好奇心と探究心で、いざ、冒険の船出へ。

二〇〇九年九月　ＰＨＰ研究所